KB125045

당신의 몸을 살리는

야채의 힘

이 책의 한국어판 저작권은 저작권자인 本の泉社와의
독점계약으로 중앙생활사에 있습니다.
신저작권법에 의하여 한국 내에서 보호를 받는 저작물이므로
무단전재와 무단복제를 금합니다.

당신의 몸을 살리는

야채의 힘

하시모토 키요코 지음 | 백성진 편역 | 백성진 요리·감수

중앙생활사

감수사

우연히 이 책을 맡게 되었습니다. 항상 제 책만 집필하다가 다른 작가님의 책을 번역하고 감수하는 일은 참으로 재미있는 작업이었고, 많은 것을 배울 수 있는 기회였습니다. 한 문장, 한 문장이 친정어머니의 조언 같았고, 연세 지긋하신 어르신이 삶의 지혜를 일러 주시는 듯했습니다. 이렇듯 따뜻한 문장들에 완전히 매료되었습니다.

하시모토 키요코 선생님과의 만남이 그랬습니다. 다정하지만 자세했고, 또 깊었습니다. 우리가 늘 접하는 야채들은 알게 모르게 재주와 재능이 많은 '슈퍼 식품'이었습니다.

저는 일본에서 식육(食育) 어드바이서와 푸드 코디네이터 공부를 하면서 '먹을 것에 대한 좀 더 바르고 깊은 공부를 할 필요가 있다'고 늘 생각했습니다. 입으로 들어간 '어떤 것'이 몸에서 '어떻게 활용되고 있는지' 정확하게 알고 싶었습니다.

정보가 흘러넘치는 요즘이야말로 '먹을 것'에 대한 확실하지도 않은 수많은 정보에 왈가왈부하며 논란에 휩쓸리기 쉽습니다. 우리는 섭취하고 있는 모든 것에 대해 바른 지식을 가져야 합니다.

　그런 마음을 담아, 우리가 알아야 할 바른 야채에 대한 지식을 이 책을 통해서 전해드리고 싶습니다. 야채들이 가진 각각의 상세한 효능으로 바른 정보를 쌓고, 추천 요리법으로 건강하게 몸을 다스려 보는 것은 어떨까요? 분명, 머지않아 '야채'라는 힘으로 강해진 나와 가족을 느껴보실 수 있을 거라 장담합니다.

구츠구츠 백성진

제가 먹거리에 관심을 가진 것은 30년 정도 전의 일입니다. 아이의 아토피성 피부염이 계기였습니다. 식이요법으로 몸에 맞지 않는 음식을 바꾸자 증상이 눈에 띄게 개선되었습니다. 음식의 소중함을 새삼 실감하는 순간이었습니다.

일찍이 우리가 먹는 음식은 야채, 생선, 곡물 등이 중심이었습니다. 음식의 서양화와 외식의 증가로 야채 섭취량은 해마다 줄고 있는 데 반해, 고기와 지방의 섭취는 늘어나 이른바 생활습관병이 증가하고 있습니다.

음식은 생명의 근원입니다. '먹는 것'은 하루하루를 소중히 영위하게 하고, 그 하루의 반복이 우리의 생활이 되어 건강한 몸을 만드는 것입니다.

《음식은 보약》에서 《야채의 힘》으로

한방에는 오랜 역사를 통해 알아낸 효능 · 효과가 있습니다

저는 지금까지 쌓아온 한방의 지식에 유럽 전통의학에서 보는 야채의 효능 등을 철저히 조사한 뒤 2005년에 각종 질병과 증상에 효과가 있는 야채 · 과일을 엄선하여 《음식은 보약》이라는 책을 출간했습니다. 이 책은 현재도 판매 중으로, 이미 9쇄나 되었습니다. 책을 읽으신 분들에게서 "야채를 좋아하게 되었어요.", "야채를 많이 먹게 되었어요"라는 기쁜 소식도 들었습니다. "모두가 읽어주길 바란다"며 결혼식의 답례품이나 퇴원 축하 선물, 기념일의 특별 선물로 사주시는 분들도 많아 무척 감격했습니다.

옛날부터 "○○를 먹으면 의사가 필요 없다"고 하는 얘기가 있습니다. 확실히 야채를 먹으면 병에 잘 걸리지 않고 설령 병에 걸렸다 해도 쾌유가 빠른 게 사실입니다.

햇볕을 듬뿍 받고 자란 야채나 과일은 자연의 혜택 그 자체로, 몸에 좋은 것이 많이 함유되어 있습니다. 더군다나 야채를 먹으면 예뻐지는 데다가 몸에도 좋고 맛있어 더할 나위 없습니다. 이번에는 그런 《야채의 힘》에 대해 정리해 보았습니다.

좀 더 손쉽게 야채와 과일을 드시길 바라는 마음에서 간단하고도 맛있는 '우리 집만의 비장의 메뉴'도 곁들여 보았습니다. 꼭 시도해 보시길 바랍니다.

이 책이 가족이 다 함께 웃을 수 있는 건강한 식탁을 만들고, 하루하루의 생활에 도움이 된다면 더할 나위 없겠습니다. 그리고 무엇보다 야채를 매우 좋아하는 아이로 키우고 싶은 당신의 손에 이 책이 간절히 전해지길 바랍니다.

하시모토 키요코

c o n t e n t s

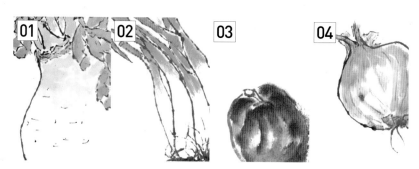
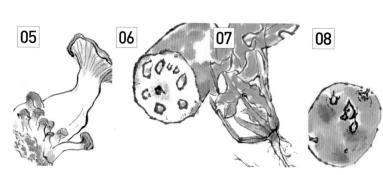

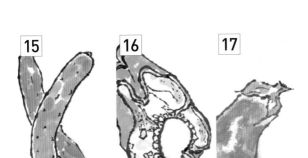
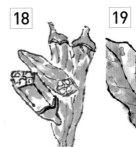

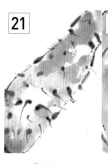

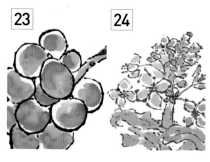

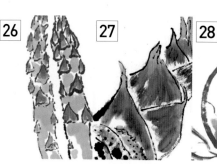

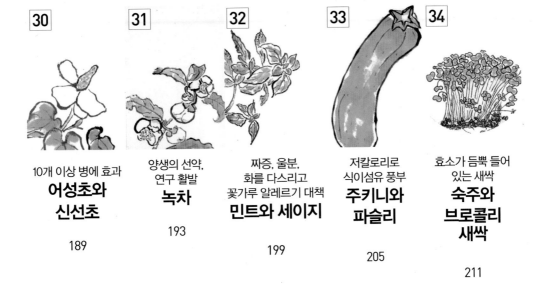

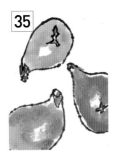

위장이 피곤할 때

[무와 무청]

10월과 11월이 가장 맛있어요

연말연시를 비롯해 잦은 행사로 과식하여 위가 더부룩할 때 먹고 싶은 게 바로 담백한 야채입니다. 그럴 때에 추천하고 싶은 것이 무와 무청입니다.

무는 '봄에 나는 일곱 가지 푸성귀(春の七草, 미나리, 냉이, 떡쑥, 별꽃, 광대나물, 순무, 무-옮긴이)'에 선정될 만큼 과식으로 지친 위장을 치유해 주는 야채입니다.

일본에서는 신정 연휴의 마지막 날에 악귀를 막고 만병을 예방하자는 의미로 봄에 나는 일곱 가지 어린 풀로 죽을 쑤어 먹는 풍습이 있습니다.

독일에도 일본의 '봄에 나는 일곱 가지 푸성귀'와 매우 비슷하게 야채로 죽을 끓여 먹는 풍습이 있는데, 이때도 무가 이용됩니다. 독일은 위도가 높기 때문에 겨울에는 보관해 둔 소시지나 고기 등에 의존할 수밖에 없습니다. 독일 사람들은 몸 안에 쌓인 노폐물을 몸 밖으로 내보내기 위해 봄에 몇 주간에 걸쳐 야채를 먹는데, 질경이, 서양민들레, 조름

중국의 한방 책을 보면 무를 '야채 중에서
가장 이로운 것'이라고 칭찬하고 있습니다.

나물 등 70가지 이상이나 됩니다. 유통이 발달한 지금도 봄이 시작될 때 신선하면서 비타민이 많은 야채와 들풀을 즐겨 먹습니다.

'칠초(七草)'는 일곱 가지라는 의미보다, '양이 많다'고 생각하는 편이 좋을 것 같습니다.

중국의 고서에는, 무에는 '곡물을 소화시키는' 작용이 있다고 기록되어 있습니다. 지금은 디아스타아제(아밀라아제) 등 다양한 효소가 속이 쓰리고 아프거나 위가 더부룩하거나 복통 등의 위장 증상에 효과가 있다는 사실을 알고 있습니다.

속이 쓰리거나 아플 때 생무나 무청을 씹는 것만으로도 효과를 볼 수 있습니다.

● 구운 생선과 불고기에 무즙을 곁들이는 이유는 무가 고기나 생선 맛을 돋우며 소화를 도와 몸의 열을 식히고 중독을

막기 때문입니다. 이것은 오랜 옛날부터 전해 오는 지혜입니다.

● 독일에서는 간장·담낭약으로 무즙을 차게 한 뒤 하루에 100~150mL를 몇 번에 나눠 마십니다.

● 기침이 나올 때에는 둥글게 자른 무에 벌꿀을 얹어 배어 나오는 즙을 한 숟갈 그대로 먹거나 뜨거운 물에 타서 마십니다. 무즙에 벌꿀과 물엿을 넣은 후 뜨거운 물을 부어 마셔도 좋습니다.

● 무나 무청을 푹 삶은 요리는 튼튼한 몸을 만드는 자양강장제입니다. 방어, 연어, 전갱이, 돼지고기 등을 조려 일본풍 또는 서양풍 조림으로 만들면 좋습니

다. 감칠맛이 좋으며, 몸이 따뜻해져 몸 안에서 힘이 생깁니다.

● 무청은 삶아 먹습니다. 삶은 무청을 잘게 썰어 참기름으로 볶아 잔멸치 등을 넣은 후, 멘츠유 등으로 달큰하고 짭조름하게 맛을 내면 멋진 반찬이 됩니다.

● 홍백 초무침은 언제든지 만들어 둘 수 있어 든든한 밑반찬이 됩니다. 우선 무와 당근을 채 썹니다. 채 써는 슬라이서를 사용하면 순식간에 썰 수 있습니다. 소금에 버무렸다 10분 정도 지나 물기를 꼭 짠 후 단촛물로 맛을 냅니다. 시판되는 초절임용 조미료를 사용하면 번거로움을 줄일 수 있습니다. 그대로 먹으면 초무침이지만, 적당한 양의 참기름이나 참깨를 넣으면 근사한 홍백나물이 됩니다.

중국의 한방 책을 보면 무를 '야채 중에서 가장 이로운 것'이라고 칭찬하고 있습니다.

유자·무 초절임

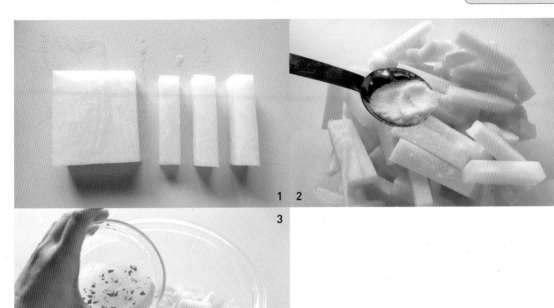

1 2

3

Ready

무 1/2개, 유자소 1개, 소금 2작은술

단촛물 설탕 2큰술, 식초 3큰술,
유자를 짠 즙 1큰술, 유자 껍질 반 개 분량,
마른 고추 1개(씨를 제거하고 잘게 썬다)

에너지 15kcal

염분 0.6g

비고 총 분량의 1/10의 양

Make

1_ 무는 껍질을 벗겨 네모나게 써는데 짧은 쪽은 1cm, 긴
   쪽은 5cm 정도로 썬다. 자른 무는 볼에 담아 소금을
   넣고 누름돌로 누른 후 2~3시간 둔다.

2_ 유자 껍질을 채 썬다.

3_ 물기를 제거한 1, 2에 단촛물을 더해 섞은 후 하루를
   재워 맛이 들게 한다.

tip 크기가 같은 볼을 겹친 다음, 위의 볼에 물을 넣어 누
    름돌 대신 사용합니다.

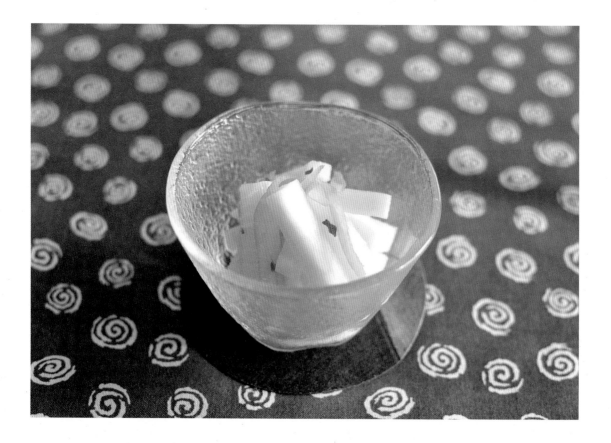

무의 주요 영양성분

뿌리 비타민 C, 디아스타아제, 카탈라아제, 옥시다아제

잎 칼슘, 카로틴, 비타민 C

에너지

뿌리 18kcal/100g, 잎 25kcal/100g

무를 갈면 세포가 분해되면서 매운맛 성분인 이소티오
시안산염이 생긴다.

구츠구츠
Cooking tip!

유자향이 가득한 무절임입니다. 유자 대신 레몬을 사용해도 좋습니다. 무와 함께 당근을 같은 크기로
썰어 절이면 색도 예쁘고 색다른 맛도 즐길 수 있답니다. 무를 절일 때에는 반드시 무게가 있는 누름돌
이나 물을 채운 볼을 올려 절이는 것이 좋습니다.

감기인가 싶을 때

[파와 생강]

춥거나 공기가 건조한 계절에는 감기나 인플루엔자를 예방하기 위해 마스크 착용, 가글, 손 씻기 등이 필수입니다.

만일 감기에 걸리면 약을 먹고 안정을 취하는 것이 제일입니다만, 다양한 방법으로 스스로 치유력을 높여보는 건 어떨까요?

파의 하얀 부분은 총백(蔥白)이라는 이름으로 한방약에 이용됩니다. 한방 도서에는 '심한 감기로 뼈나 근육이 으깨질 듯이 아플 때나 편도선이 부어 목 안이 잠겼을 때 파가 효과 있다'고 기록되어 있습니다.

제가 어린 시절 목이 부어 아플 때 어머니께서는 세로로 길게 쪼갠 파를 부드럽게 구워 천에 두른 후 목에 감싸 주시곤 했습니다.

서리가 내리면
훨씬 달고
부드러워져요

한방약이나 감기약을 먹을 때도
파나 생강을 듬뿍 넣은 뜨거운 우동이나 죽 등을
함께 먹으면 약의 효과가 높아집니다.

● 감기 초기에는 파가 들어간 된장국을 마시면 좋습니다. 몸이 따뜻해지고 기분 좋을 정도로 땀이 나며 기침이나 가래에도 효과가 있습니다.

한방약이나 감기약을 먹을 때도 파나 생강을 듬뿍 넣은 뜨거운 우동이나 죽 등을 함께 먹으면 약의 효과가 높아집니다.

감기예방에는 낫토(納豆)에 잘게 썬 파를 곁들이면 좋습니다.

● 으슬으슬 오한이 들어 '감기인가?' 하는 생각이 들 때 생강차는 어떨까요? 간 생강에 흑설탕과 벌꿀 등을 넣어 단맛을 조절한 뒤 뜨거운 물을 부어 마십니다. 몸을 따뜻하게 하며 발한, 해열을 촉진

해 기침이나 가래에 효과가 있습니다.

생강즙에 홍차를 부어 마시는 생강홍차는 뜨거운 음료로 다양한 나라에서 초기 감기에 이용되고 있습니다. 흑설탕으로 단맛을 조절하여 마시면 좋습니다.

생강의 작용 중에 제가 언제나 감탄하는 것은 구토를 막는 효과입니다. 생강은 차멀미나 배멀미에 이용될 정도입니다. 저는 언제나 생강 분말을 가지고 다닙니다. 배나 버스를 타기 30분쯤 전에 0.5g 정도를 먹으면 멀미에서 해방되곤 합니다. 외국에서는 크루즈 여객선 등에 생강이 든 영양제가 비치되어 있다고 합니다.

초기 감기의 구토에는 생강차를 권합니다.

GREEN ONION

GINGER

식욕도 생깁니다. 생강은 두통이나 관절의 통증에도 효과가 있어 파와 함께 '감기퇴치의 묘약'으로 불리고 있습니다.

대파

- 잘 익은 귤 껍질을 건조시켜 만든 진피(陳皮)는 많은 한방약에 배합되고 있습니다. 건조시키는 이유는 유통에 편리하기 때문입니다. 신선한 쪽이 정유(精油)가 많이 함유되어 있습니다.

생강

- 무농약으로 재배한 신선한 귤의 껍질을 잘게 썰어 찻잔에 넣고 설탕이나 벌꿀을 기호에 맞게 첨가한 다음, 뜨거운 물을 붓고 10분 정도 지나면 마십니다. 기침을 멈추는 효과 외에 혈액순환이나 위장의 기능을 개선하는 효과가 있습니다.

대파 오믈렛

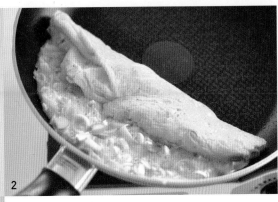

1 2

3

Ready

대파 1개, 달걀 3개, 무 적당량
소금 한 줌, 상온에서 녹인 버터 1큰술 (12g 정도)
후추 약간, 기름 약간, 폰즈 소스, 유즈 코쇼 적당량

(1인분)
에너지 208kcal
염분 1.3g

Make

1_대파는 잘게 다진다.
2_무는 강판에 간다.
3_달걀을 깨어 소금과 후추를 넣고 잘 섞은 후, 버터를 넣고 거품이 일지 않게 천천히 달걀을 가르듯이 섞은 다음 1을 섞는다.
4_강한 불로 프라이팬을 달구어 기름을 붓고 3을 부은 후, 프라이팬을 돌려가면서 잘 섞은 다음 오믈렛 모양으로 잡아가며 부쳐내어 보기 좋게 담고 2를 얹는다.
5_시판 폰즈 소스에 유즈 코쇼를 섞어 4에 얹는다.

🍵 파의 주요 영양성분

엽산, 비타민 C · K, 식이섬유
에너지 : 28kcal/100g
향기의 성분은 알리신(황화아릴의 일종)으로 비타민 B₁
의 흡수를 도와 혈행촉진, 혈전예방, 피로해소 등의 작
용을 한다.

🍵 생강의 주요 영양성분

칼륨, 마그네슘, 망간
에너지 : 30kcal/100g
매운맛 성분: 진저론(gingerone), 쇼가올(shogaol)
향기 성분: 진저베렌(zingiberene), 시트로넬라(cit-
ronella)

구츠구츠
Cooking tip!

오믈렛을 만들 때에는 프라이팬이 매우 중요합니다. 코팅 처리가 잘된 깨끗한 프라이팬을 사용해야 간단하고 예쁘게 오믈렛을 만들어낼 수 있습니다. 소스를 생략할 경우에는 소금의 양을 조금 늘려 조리합니다. 오믈렛은 반 정도 오므려 모양을 잡은 후에 프라이팬을 잡은 손목을 통통 내 쪽으로 쳐주면 동그랗고 예쁘게 말립니다.

복부가 팽만해질 때

[우엉과 사과]

원산지는
유럽이에요

복부가 팽만해지거나 변비로 남몰래 고민하진 않나요? 그 원인 중 하나는 장 내에 자리 잡고 사는 유해균 때문입니다.

장 내에는 몸을 깨끗하게 하여 다이어트에 도움을 주거나 살결을 곱게 하는 유익한 균도 있습니다. 이 유익한 균을 늘려주는 것이 바로 식이섬유입니다.

우엉에는 식이섬유가 풍부하게 들어 있습니다. 변비를 개선하는 것 외에 몸 안의 콜레스테롤 수치를 낮추어 발암물질을 빨리 몸 밖으로 배출시키는 작용을 합니다.

목이 붓거나 부스럼에도 효과가 있으며 수분대사도 개선됩니다.

우엉에는 프락토올리고당의 일종인 이눌린이 함유되어 있습니다. 우엉의 주된 작용은 비만을 예방하고 식후의 혈당상승을 억제하며 이뇨 작용 등을 하는 것입니다.

사과에 포함된 펙틴이라는 식이섬유는 유산균 등의
유익한 균을 늘려 변비와 설사에도 효과가 있습니다.

중국에서는 1,500년 전부터 당뇨병을 치유하는 효과가 있다고 기록되어 있습니다. 그러고 보니 우엉을 매일 먹고 싶다는 생각이 드는군요.

우엉의 껍질 주변에는 유용한 물질이 많이 함유되어 있습니다. 신선한 햇우엉 껍질은 수세미 등으로 씻어 영양분을 많이 남기도록 합시다.

사과도 식이섬유가 풍부합니다. 사과에 포함된 펙틴이라는 식이섬유는 유산균 등의 유익한 균을 늘려 변비와 설사에도 효과가 있습니다.

사과가 '천연 정장제'로 불리는 까닭이 여기에 있습니다. 사과를 먹으면 피부의 윤기가 좋아져 노화를 더디게 합니다. 독일에서는 민간요법으로 잘게 간 사과를 변비나 설사가 있을 때 먹곤 합니다.

한방 책을 보면 '설사가 멎지 않을 때에 사과를 달여 즙을 먹고 그 사과도 먹는다'고 기록되어 있습니다. 맛있는 사과가 시장에 나오기 시작할 때는 꼭 맛을 보고 싶네요.

● 곤약은 장청소의 묘약으로 식이섬유인 글루코만난이 함유되어 있습니다. 이 글루코만난이 장 속에서 수분을 흡수하여 불룩해지기 때문에 장 운동이 좋아지는 것입니다.

곤약은 열량이 낮은 저칼로리 식품으로, 콜레스테롤 수치를 낮추고 발암물질을 빨리 몸 밖으로 배출시키는 작용이 있다고 합니다. 생으로 먹는 곤약회는 유자 껍질을 으깨어 섞은 일본된장과 같이 먹으면 좋습니다.

BURDOCK

A P P L E

● 회향(茴香)은 허브에서는 페널(fennel)로
불립니다. 회향은 한방약을 취급하는
약국이나 허브 가게에서 구입할 수 있
습니다.
티 포트에 티스푼 하나 분량을 넣고 뜨
거운 물을 부은 다음 10분 정도 기다립
니다. 허브티는 복부팽만에 특효가 있
습니다.

우엉

셀러리와 비슷한 페널의 줄기는 유럽에서
는 매우 대중적인 야채로 주로 수프에 이용됩
니다. 고장이 바뀌면 산물이나 풍속이 달라지
는 법이네요.

깨끗하게 씻어
껍질째 먹으면
더 좋아요

쇠고기 우엉조림

1
2

3

Ready

쇠고기(불고기감) 150g, 우엉 작은 것 1개(150g)
곤약 작은 것 1개, 생강 1조각
양념(설탕 1/2큰술, 간장 2큰술, 술 2큰술, 맛술 2큰술)

에너지 325kcal

염분 2.8g

Make

1_물 2컵에 어슷썰기한 우엉을 넣고 투명해질 때까지
  끓인다.
2_곤약은 한입 크기로 잘라 삶아서 데쳐낸다. 1에 데친
  곤약, 쇠고기, 생강 채 썬 것을 넣고 더 끓인다.
3_고기의 색깔이 변하면 양념을 넣고 즙이 없어질 때까
  지 푹 조린다.

tip 고기의 양은 줄이거나 돼지고기와 쇠고기를 반으로
해도 좋다. 처음에 참기름으로 우엉을 볶은 다음 조
려도 좋다.

우엉의 주요 영양성분

엽산, 칼륨, 마그네슘, 식이섬유
에너지 : 65kcal/100g
불용성 식이섬유인 리그닌을 함유하고 있다. 수용성 식
이섬유인 이눌린을 함유하고 있다. 항산화 작용이 있는
폴리페놀이 많다.

사과의 주요 영양성분

칼륨, 칼슘, 철, 비타민 C, 식이섬유, 구연산, 사과산
에너지 : 54kcal/100g
불용성 식이섬유인 레그난, 셀룰로오스를 함유하고 있
다. 수용성 식이섬유인 펙틴을 함유하고 있다. 항산화
작용이 있는 폴리페놀이 많다.

구츠구츠
Cooking tip!

우엉은 될 수 있으면 흙이 묻어 있는 것을 선택하며, 손으로 눌러보아 너무 말랑하거나 속이 빈 듯한 것
은 오래된 우엉이므로 피합니다. 껍질은 칼등으로 긁으면 쉽게 벗겨집니다. 식초를 약간 탄 물에 3분
정도 담가두면 떫은맛과 거뭇한 색이 빠진답니다.

불면, 초조

[양파와 셀러리]

잠이 잘 안 오지 않아 도중에 잠을 깨거나 아침에 일찍 눈을 뜨거나 악몽을 꾸는 등 수면으로 인한 고민이 있는 분들이 많습니다. 걸핏하면 화를 내거나 초조해하는 증상도 마찬가지입니다. 수면으로 고민하거나 초조할 때에 권해드리고 싶은 게 바로 양파와 셀러리입니다.

양파에는 황화아릴 등의 휘발물질이 풍부합니다. 양파의 황화아릴이 코에 흡수되면 기분이 안정되고 초조함이 사라져 잠을 푹 잘 수 있게 됩니다. 황화아릴은 열에 약하고 물에 잘 녹으므로 가열하거나 물로 씻으면 이 작용은 약해집니다.

껍질이 잘
말라 있고
단단한 것을
골라요

양파의 황화아릴이 코에 흡수되면 기분이 안정되고
초조함이 사라져 잠을 잘 자게 됩니다.

- 양파는 될 수 있으면 생으로 먹는 게 좋습니다. 얇게 썰어 일본식 드레싱이나 가츠오부시와 간장으로 무쳐 먹으면 반찬도 됩니다.
  생 양파가 맞지 않는 분은 굳이 이렇게 드실 필요는 없습니다.
  봄이 되면 햇양파가 나옵니다. 싱싱하고 냄새도 맛도 부드러워 마음을 편하게 해 주는 야채입니다.
  잘게 썬 양파를 접시에 담아 머리맡에 두고 자는 방법도 있습니다. 파에도 동일한 효과가 있으니 편한 쪽을 이용해 주세요.

- 얇게 썬 마늘을 기름에 볶아 먹기 좋은 크기로 자른 양파와 물에 불린 마른 표고버섯을 함께 넣고 볶습니다.

표고버섯을 불린 물을 넣고 끓기 시작하면 설탕과 간장을 적당량 넣습니다. 물에 불린 당면을 넣고 2~3분 삶아 물이 없어지면 완성입니다. 송송 썬 쪽파를 얹어 냅니다.

- 셀러리에도 진정 작용이 있으며 스트레스에 따른 초조, 불안감, 불면, 두통 등에 효과가 있습니다. 가게에서 큰 포기로 된 셀러리를 구입하여 수프를 만들거나 볶아서 많이 먹읍시다.

- 셀러리로 술을 담가 마시면 식욕증진과 피로해소에 효과가 있으며 불면증에도 이용할 수 있습니다. 셀러리 술은 셀러리 300g을 소주 1L와 우박설탕 50g(기호에 맞게)에 절여 만듭니다.

CELERY

O N I O N

● 셀러리를 넣어 죽을 쑤면 향이 풍부한 건위제(健胃劑, 위장을 튼튼하게 하는 약재로 소화와 흡수 작용에 도움을 줌―옮긴이)가 됩니다. 냉증으로 고민하시는 분은 돼지고기나 닭고기와 함께 수프로 푹 끓여 먹으면 좋습니다.

● 셀러리는 입욕제로도 최적입니다. 셀러리의 줄기나 마디 부분을 주머니에 넣어 목욕탕에 띄워 쓰세요. 향이 숙면을 도와줍니다.

● 마음을 진정시키는 야채는 그 외에 차조기, 양상추, 유자 등의 감귤류, 연근 등이 있습니다.
매년 여름에 만드는 차조기주스는 붉은 차조기를 아낌없이 사용한 사치스러운

음료입니다.
양상추에도 초조함을 없애주고 숙면을 취하게 하는 작용이 있으므로, 샐러드나 주스로 만들어 저녁식사에 같이 먹으면 좋습니다.
우울증 증상으로 잠을 이루지 못할 경우도 있으므로, 계속 잠이 잘 오지 않을 때는 일찌감치 진찰을 받도록 합시다.
커피, 홍차 등 카페인이 들어간 음료는 수면에 영향을 주므로, 잠이 오지 않을 때는 음료에도 신경을 쓰는 것이 좋습니다.

셀러리 양파 볶음

Ready

셀러리 1개, 양파 1/2개, 마른 고추 1개
참기름 1/2큰술, 설탕 1/2큰술, 간장 1큰술

에너지 84kcal

염분 1.4g

Make

1_셀러리 줄기는 섬유질을 벗겨내고 길이 4cm 정도로 잘게 썰며, 잎은 큼직큼직하게 썬다. 양파는 얇게 썬다. 마른 고추는 씨를 제거하고 어슷썰기한다.

2_프라이팬을 달궈 참기름을 두른 후, 마른 고추와 셀러리의 줄기를 센 불로 볶는다.

3_약간 익기 시작하면 양파를 넣고 살짝 볶다가 설탕과 간장을 넣고 볶는다.

4_셀러리의 잎을 넣고 바로 불을 끈다.

tip 생으로도 먹을 수 있으므로 너무 볶지 않도록 주의한다. 마른 고추 대신에 마지막으로 고춧가루를 뿌려도 좋다. 밑반찬으로 만들 때는 간장과 설탕을 조금 많이 넣는다.

🍚 양파의 주요 영양성분

칼륨, 칼슘, 비타민 $B_1 \cdot B_6 \cdot C$, 식이섬유
에너지 : 37kcal/100g
알리신 등의 황화아릴은 비타민 B_1의 흡수를 도와 혈행
을 촉진하고 피로해소 등의 작용이 있다. 콜레스테롤의
상승을 억제하는 폴리페놀을 함유하고 있다.

🍵 셀러리의 주요 영양성분

칼륨, 칼슘, 카로틴, 비타민 $B_1 \cdot B_2 \cdot C$, 엽산, 식이섬유
에너지 : 15kcal/100g
향기의 성분인 아피인(apiin)은 초조함을 억제하는 효과
가 있다. 또한 피라진(pyrazine)은 혈액이 응고되는 것
을 막는다.
☆ 항산화 작용이 있는 플라보노이드를 함유하고 있다.

구츠구츠
Cooking tip!

셀러리는 세로 방향으로 단단한 섬유질을 벗겨내야 먹을 때 편합니다. 셀러리와 양파 모두 재빠르게 센
불에서 볶아 아삭아삭한 식감을 즐기기 위한 요리이므로 오래 볶지 않는 것이 좋습니다.

예부터 장수의 약

[콩과 버섯]

튀김도
좋아요

젊음을 무엇으로 측정한다고 생각하시나요? 주름? 기미?

저는 타액이 확실히 나오는지에 달려 있다고 생각합니다. 타액이 나온다는 것은 다양한 분비액이 나온다는 것을 의미하며, 면역력의 기준이 되기 때문입니다.

면역력이 높으면 우선 암에 잘 걸리지 않고, 세균과 바이러스에 강하며, 노화를 방지해 주는 효과 등이 있습니다.

마고와야사시이(식품연구가이자 의학박사인 요시무라 히로유키 선생이 제창한 균형 있고 좋은 식사법을 익히는 방법을 말함-옮긴이)라는 것이 있습니다.

마고와야사시이[마메(콩), 고마(참깨 등의 종자), 와카메(미역 등의 해초), 야사이(야채), 사카나(생선), 시이타케(표고버섯), 이모(감자, 고구마)의 앞글자를 따서 붙임]를 먹으면 많이 씹게 되는데, 그로써 타액이 많이 분비되어 면역력이 높아집니다. 또한 식

중국의 오래된 기록에도 콩을 뇌출혈의 후유증인 언어장애에 이용한다고 나와 있습니다.

재료 안에 노화를 방지하는 성분이 함유되어 있습니다.

그런데 콩의 효용을 알고 계시나요?

- 콩은 노화방지에 도움이 되는 식재료로 치매 예방효과가 기대됩니다. 뇌 안의 신경전달물질인 아세틸콜린이 부족하면, 건망증이 심해지거나 알츠하이머형의 치매에 걸리기 쉽다고 합니다.

  콩 등에 포함된 레시틴은 아세틸콜린의 원료가 됩니다. 중국의 오래된 기록에도 콩을 뇌출혈의 후유증인 언어장애에 이용한다고 나와 있습니다.

  콩에는 노화현상에 따른 귀울음이나 정력 감퇴, 야간 빈뇨 등을 개선하는 작용도 있어 볶은 콩을 가끔 씹어 먹는 것도 노화방지에 도움이 됩니다. 또한 완두콩에는 혈관의 노화를 방지하는 엽산 등의 비타민이 많이 함유되어 있습니다.

그밖에 콩에는 혈당치를 낮추는 호르몬인 인슐린의 분비를 좋게 하는 작용과 콜레스테롤을 낮추는 작용이 있습니다.

옛날부터 민간요법에서 버섯류는 불로장수의 약재로 다루어져 왔습니다. 편식하지 말고 뭐든지 먹어요.

지금은 표고버섯, 담자균류에 속하는 버섯, 팽이버섯, 송이과에 속하는 버섯, 잎새버섯, 새송이버섯 등은 쉽게 구할 수 있습니다. 그중에서도 말린 표고버섯은 보존이 잘 돼서 늘 준비해두면 편리합니다.

햇볕을 쬔 말린 표고버섯은 비타민 D_2의 보고로 노화현상인 골다공증 등의 예방에 도

MUSHROOM

B E A N

움이 됩니다.

최근에는 잎새버섯의 신형 인플루엔자 예방 효과도 화제가 되었습니다. 잎새버섯에서 추출한 물질에 항암제 부작용을 감소시켜주는 작용이 있다는 보고도 있습니다.

● 투명한 용기에 500mL의 물과 말린 표고버섯 1장, 그리고 3cm 폭으로 자른 다시마를 넣고 간단하게 국물을 만들어 항상 쓸 수 있도록 준비해 두면 어떨까요? 국물은 하룻밤 묵혀두면 사용 가능합니다. 냉장고에 보관하면 이 양으로 2~3일 정도 쓸 수 있습니다.

● 저는 살이 두꺼운 생 표고버섯을 석쇠에 올려 구운 후 레몬즙이나 간장을 조금 넣어 먹는 것을 좋아합니다. 표현할 수 없는 향과 식감을 '맛있다'는 한마디로 대변할 수 있습니다.

검은콩

두부 스테이크

1 2

3

🥄 Ready

두부 1모, 쪽파 1/3단, 기름 1큰술
가츠오부시 1팩(3~5g), 간장 1큰술

에너지 178kcal
염분 1.2g

🍲 Make

1_두부는 가볍게 물기를 제거하고 두께 1.5cm의 직사
각형으로 잘라 키친타월이나 면보 등으로 물기를 닦
는다. 쪽파는 5mm 정도로 송송 썬다.

2_프라이팬에 기름을 두르고 두부의 양면을 굽는다.

3_두부 위에 파를 얹고, 그 위에 가츠오부시를 얹은 후
간장을 뿌린다.

4_뚜껑을 닫고 중간 불이나 약한 불로 찌듯이 굽는다.

tip 대파를 사용해도 좋으며, 두부에 녹말을 묻혀 구워
도 좋다.

🍲 콩의 주요 영양성분

단백질, 칼륨, 칼슘, 카로틴, 비타민 B₁ · E, 식이섬유
에너지 : 417kcal/100g
콩의 레시틴은 콜레스테롤의 상승을 억제한다.
항산화 작용이 있는 사포닌을 함유하고 있다.
이소플라본은 갱년기 장애나 골다공증을 개선한다.

구츠구츠
Cooking tip!

친근한 두부 구이에 쪽파와 가츠오부시를 듬뿍 올린 요리입니다. 명절 후 많이 남은 두부 부침을 재활용할 수 있는 일석이조의 메뉴이기도 합니다. 파를 좋아하는 분은 파를 올린 후에 바로 꺼내 드셔도 좋습니다. 뚜껑을 덮어 살짝 찌면 파의 매운맛이 중화되어 아이들에게도 훌륭한 영양식이 됩니다.

꽃 알레르기 치료에도 도움

[연근]

강연회 등에서 '음식은 보약'이라는 이야기를 하는 경우가 있습니다.

"연근의 구멍은 몇 개일까요?"라고 질문하면 9개, 15개, 20개 등 각각 큰소리로 대답합니다.

연근은 중간에 1개와 주위에 크고 작은 구멍이 9개 있는 것이 많습니다. 왜 10개인지 저는 잘 모릅니다. 이번에 연근을 드실 때 잘 관찰해 보세요.

연근은 연꽃의 땅속줄기입니다. 일본에서는 연근의 구멍을 통해 '앞(미래)을 내다볼 수 있어' 의미가 좋다고 여깁니다. 특히 정월명절에는 빼놓을 수 없는 식재료입니다.

연근에는 혈관을 튼튼하게 하고 출혈을 방지하는 등의 효능이 있습니다. 오래된 한방 기록에는 말에서 떨어져 피가 멈추지 않을 때 연근 가루를 복용하여 지혈했다는 내용이 있습니다. 지금은 지혈에 연근을 사용하는 경우는 없지만, 평소에 식사할 때 섭취하여 혈관을 튼튼하게 만들면 좋겠네요.

철분과 타닌 성분이 많아서 코피가 자주 나는 사람에게 좋아요

연근에는 혈관을 튼튼하게 하고
출혈을 방지하는 등의 효능이 있습니다.

연근은 자양강장의 묘약이기도 합니다. 점액의 원료인 뮤틴과 아스파라긴산 등의 아미노산류, 타닌산, 비타민 C 등이 함께 작용하여 강장 작용이 강해져 피로해소에 도움을 줍니다.

● 감기 등의 병을 앓은 후 피곤하여 체력이 떨어졌을 때에는 연근이 들어간 죽이나 고기, 생선, 야채 등을 섞어 지은 밥을 권해드립니다.

칼륨이 풍부하게 함유되어 있어 이뇨 작용을 하며, 심장의 기능이 좋아지고 고혈압이나 뇌졸중 예방에 도움이 됩니다. 흥분된 신경을 진정시키는 작용도 있습니다.

풍부한 비타민 C는 기미나 주근깨를 방지하고 젊은 피부를 만들어 줍니다. 연근의 비타민 C는 전분으로 보호되어 있어 가열해도 손실이 적은 것이 특징입니다. 식이섬유가 많기 때문에 변비가 개선되고 미용에도 좋습니다.

● 감기 기침이나 가래에는 연근탕을 이용하면 좋습니다. 연근탕은 연근에서 짠 즙 30mL에 강판에 간 생강즙을 1~2방울 넣은 후 벌꿀, 간장, 소금 등으로 맛을 내고 칡가루 1작은술을 넣어 잘 반죽한 뒤, 150mL의 뜨거운 물을 부어 재빨리 투명해질 때까지 저으면 완성입니다. 하루에 2회 정도 마십니다.

이 레시피를 이전에 책에서 소개했는데, 마신 뒤에 천식 발작에 효과를 봤다는 좋은 소식도 들었습니다.

L O U T S

● 다양하게 즐기는 법

최근에는 알레르기 증상을 완화해 주는 폴리페놀류가 많다는 이유로 '꽃가루 알레르기에는 연근'이라는 주제로 주목을 받고 있습니다.

식초에 절인 연근, 조림, 튀김 등 조리방법도 다양해서 계절에 상관없이 섭취하기에 좋은 야채입니다.

일본식 연근 조림을 할 경우 은행잎 썰기나 섬유질의 방향에 따라 썰기, 두드려 쪼개기 등 자르는 방법에 따라서도 식감과 맛이 배어드는 모양이 달라서 다양하게 즐길 수 있습니다.

연근의 구멍 주위가 검은빛을 띠는 것은 더러운 것이 아니라 신선도가 떨어져 있다는 증거이므로, 검은빛이 적은 신선한 것을 고르도록 합시다. 보관할 때는 랩으로 단단히 싸서 냉장고에 넣어두면 좋습니다.

연근

연근전

1   2

3

☞ Ready

연근 100g(약 1/2개), 감자 연근의 2/3 정도의 양
생 표고버섯 1개, 당근 3cm, 긴 파 10cm
달걀 1개, 기름 1작은술, 양념장(간장 2작은술, 식초 · 참깨 ·
잘게 썬 파 · 벌꿀 각 1작은술, 고추기름 조금)

에너지 145kcal

염분 1.0g

☞ Make

1_ 연근의 껍질을 벗겨 2mm 두께로 4장을 썬다.

2_ 남은 연근의 반은 강판에 갈고 반은 잘게 썬다.

3_ 감자는 강판에 간다. 당근, 생 표고버섯은 잘게 썬다.

4_ 대파는 잘게 다져 1작은술은 양념장용으로 따로 덜
  어 둔다.

5_ 볼에 2, 3, 4와 달걀을 넣고 잘 섞는다.

6_ 프라이팬을 달구어 기름을 두르고 5를 올려 얇게 펼
  친 후, 위에 1의 연근을 얹고 뚜껑을 닫은 다음 천천히
  굽는다. 절반 정도 익으면 뒤집어서 굽는다.

tip 감자 대신에 참마를 쓸 때는 녹말을 첨가한다.

🍂 연근의 주요 영양성분

탄수화물, 칼륨, 철, 구리, 비타민 B$_1$ · B$_2$ · C, 식이섬유
에너지 : 66kcal/100g
뮤틴에는 실을 뽑는 점액성분(위 점액의 보호)이 있다.
타닌산 등의 폴리페놀은 지혈, 소염 작용이 있다.

구츠구츠
Cooking tip!

연근하면 '연근조림'이 가장 먼저 떠오르시죠? 연근은 의외로 전분을 다량으로 함유하고 있어서 여러
요리에 사용할 수 있답니다. 아삭한 연근과 부드럽고 쫄깃한 연근의 두 가지 식감을 즐길 수 있는 연근
전으로 새로운 연근을 만나보세요.

빈혈이나 치주염 예방

[소송채와 시금치]

겨울에 맛있는 녹색 야채인 소송채와 시금치에는 카로틴의 부류인 카로티노이드가 많이 함유되어 있습니다.

카로티노이드는 빨간색, 황색 등의 진한 색소로, 실험과 조사 결과 암 예방효과가 있다는 사실을 알게 되었습니다. 색이 다른 야채를 섞어 먹으면 암 예방효과가 더욱 높아집니다. 다양한 야채와 과일을 함께 먹는 것이 좋습니다.

● 소송채의 원산지는 일본입니다. 에도시대부터 현재의 도쿄 에도가와구 부근의 특산품이었습니다. 지금은 일본 전역으로 퍼져 몇 가지 계통이 생겨났습니다.

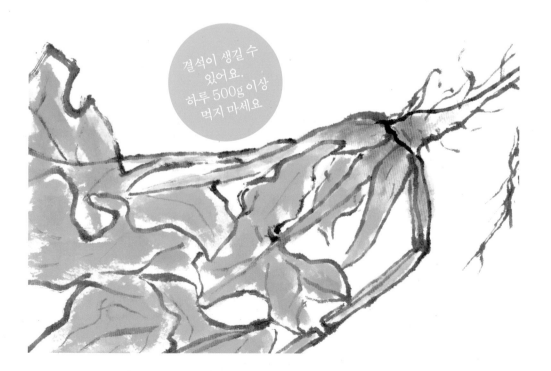

결석이 생길 수 있어요. 하루 500g 이상 먹지 마세요

소송채는 칼슘도 매우 많아 뼈를 튼튼하게 하고,
신경의 흥분상태를 진정시켜 초조함을 예방합니다.

소송채는 비타민 C가 풍부합니다. 칼슘도 매우 많아 뼈를 튼튼하게 하고, 신경의 흥분상태를 진정시켜 초조함을 예방합니다.

풍부한 철분은 빈혈예방에 도움이 됩니다. 그리고 이뇨 작용도 있기 때문에 초조하여 고혈압이 있는 분에게 적합합니다.

● 소송채는 치아와 잇몸 건강에 매우 좋은 야채입니다. 치주병에 잘 걸리는 분은 소송채 요리나 소송채주스로 체질을 개선할 수 있습니다.
소송채주스는 하루 200~300g의 소송채를 잘 씻은 후, 주서기에 갈아 만듭니다.
이 녹즙은 체격이 좋은 분이나 체력이 좋은 분에게 적합합니다. 마시기 힘든 경우에는 레몬이나 사과를 첨가해 맛을 조절하는 것도 좋습니다.

● 떫은맛이 적으므로 굳이 데쳐서 사용할 필요 없이 바로 조리가 가능합니다.

시금치에는 철분, 엽산, 비타민 C가 풍부합니다. 뿌리의 빨간 부분에는 망간이 함유되어 있는 등 증혈 작용 물질이 가득해서 빈혈방지에 도움이 됩니다. 육류나 간 등과 조합하면 더욱 효과적입니다.

시금치에도 식이섬유가 많아서 장의 연동을 활발하게 하는 작용이 있습니다. 장액 등의 분비를 촉진하여 소화관을 적심으로써 장의 움직임을 조절하므로, 고령자나 체질이 허약한 사람의 변비를 해소하는 데 적합합니다.

그 외에 시금치에는 콜레스테롤을 낮추고 목이 붓기 쉬운 체질을 고치며, 목의 갈증을 풀고 눈의 노화를 방지하는 등의 효능이 있습니다.

KOMATSUNA

S P I N A C H

시금치의 떫은맛은 옥살산인데, 어지간히 대량으로 먹지 않는 한 결석이 생길 우려는 없다고 합니다. 최근에는 떫은맛이 적은 생식용 시금치도 재배되고 있습니다.

추운 시기 꼭 맛보고 싶은 게 바로 '겨울 시금치'입니다. 극한의 추위에서 몸을 지키기 위해 야채는 자발적으로 당도를 높이는데, 이런 효과를 노려 서리를 맞게 해서 당도를 높이는 재배를 하면 잎이 수축되어 주름진 모양이 되며 감칠맛이 응축되어 있습니다.

● 소송채나 시금치는 무침이나 나물로 만들면 좋습니다. 나물은 간장으로 밑간을 한 후에 꼭 짜낸 후 다시 한 번 간장을 조금 넣으면 싱겁지 않게 드실 수 있습니다.

● 냉동할 경우에는 살짝 데친 다음, 랩으로 단단히 싸서 보관합니다.

시금치

소송채 조림

1　2

3

🥄 Ready

소송채 1/2단, 판두부 1/2모
잔멸치 2큰술
양념(가츠오부시 다시 1컵, 간장 2작은술, 술 1큰술, 맛술 · 설탕 각
1작은술)

에너지 121kcal
염분 0.8g
비고 조렸기 때문에 염분은 60%로 계산

🍲 Make

1_소송채는 4cm 정도로 큼직큼직하게 썰어 잎과 줄기를 나눈다.
2_두부는 2×2cm 크기로 잘라 표면이 바삭할 정도로 기름에 바싹 튀겨 준다. 여분의 기름이 빠지고 어느 정도 식으면 절반으로 잘라 준비한다.
3_양념과 잔멸치를 2에 넣고 끓인 후, 2분 정도 조린다.
4_소송채의 줄기, 잎 순으로 3에 넣고 한 번 끓인다.

tip 맛을 보고 싱거우면 소금을 조금 더 넣는다. 멘츠유를 물에 희석해서 사용해도 좋다.

소송채의 주요 영양성분

칼슘, 철, 인, 카로틴, 비타민 B₁ · B₂ · C, 엽산, 식이섬유
에너지 : 14kcal/100g
비타민과 미네랄이 풍부하며, 칼슘과 철분도 많이 함유
되어 있다.

시금치의 주요 영양성분

칼륨, 칼슘, 마그네슘, 철, 망간, 카로틴, 비타민
B₁ · B₂ · C, 엽산, 식이섬유
에너지 : 20kcal/100g
카로틴, 철, 칼륨이 풍부하다.

**구츠구츠
Cooking tip!**

소송채와 함께 조리는 잔멸치에서 염분이 배어나오므로 간을 약하게 하는 요리입니다. 멸치는 볶아먹
는 법 이외에도 조리거나 다른 재료와 함께 볶으면 식감에 악센트도 되면서 감칠맛도 낼 수 있으며 상
대적으로 간을 약하게 해도 됩니다. 소송채 대신 시금치나 청경채로 요리해도 좋습니다.

의외로 저칼로리

[토란과 감자]

토란이나 감자 등을 먹으면 살찔까요? 아닙니다. 토란이나 감자는 둘 다 고구마나 참마에 비해 칼로리가 낮고 당분도 적은 것이 특징입니다.

옛날부터 재배되어 온 토란은 사토노이모(里の芋), 고향의 감자라고 할 정도로 고향의 대표적인 식재료로 쓰여 왔습니다. 그래서 토란이 들어간 국물요리는 다양한 지역의 전통음식으로 쓰이기도 합니다. 토란이 많이 나는 일본의 동북지역 각지에서는 향토 요리 대회가 있을 정도니까 틀림없이 토란을 수확하는 것이 최고의 기쁨이었을 것입니다.

토란이라고 하면 점액이 특징입니다. 점액 속에 함유된 뮤틴은 간장의 해독을 도와 신장과 장(腸)의 기능을 좋게 합니다. 타액의 분비를 좋게 하는 기능도 있어 소화를 도와 노화를 방지하는 호르몬의 분비도 활발해집니다.

습한 땅에서
자라나요

토란은 속이 더부룩하거나 입이 마를 때 좋고 토란대는 출산 전이나 출산 후의 묘약으로 알려져 있습니다.

토란은 속이 더부룩하거나 입이 마르거나 하는 증상을 가볍게 합니다. 또한 칼륨이 풍부해서 이뇨 작용이나 혈압강하 작용 등을 기대할 수 있습니다.

토란의 껍질은 잘 씻은 다음 뜨거운 물에 살짝 데치면 잘 벗겨집니다. 전자레인지를 사용하여 삶으면 손이 가려워질 걱정도 할 필요가 없습니다.

토란대(줄기)는 옛날부터 출산 전이나 출산 후의 묘약으로 알려져 있습니다. 증혈 작용과 지혈 작용이 뛰어나서 빈혈이나 출산 후의 회복을 빠르게 한다고 합니다. 지금은 토란대용 품종이 특별히 재배되고 있습니다.

● 감자에는 비타민 C가 풍부하게 함유되어 있습니다. 비타민 C는 녹말에 보호되어 있어 삶아도 잘 부서지지 않는다고 합니다. 비타민 C는 전신의 세포를 활성화해 아름답고 윤기 있는 피부를 만듭니다.

칼륨이 풍부하고 나트륨이 적어 이뇨 작용이 있습니다. 몸이 잘 붓거나 혈압이 약간 높은 분은 잘게 썬 감자를 1~2분 뜨거운 물에 삶아서 오이 등과 초무침을 해서 먹으면 좋습니다.

● 감자수프는 '먹는 자양강장제'입니다. 감자, 양파, 당근을 넣고 푹 끓여 소금 약간으로 맛을 내면 됩니다.

● 띠산시엔(地三鮮, 별항)이란 가지와 피망과 감자를 볶은 음식을 말합니다. 지금은 중화요리가 되었지만, 기원을 더듬으면 북한의 가정요리인 걸 알 수 있습

T A R O

POTATO

니다. 가지가 나오는 계절에 만들어 먹기 좋습니다.

● 먹음직스러운 고기감자 조림은 돼지고기나 쇠고기를 볶은 후 꺼내고 그 기름으로 감자를 볶은 뒤, 술로 10분 정도 끓입니다.
당근, 양파, 가는 곤약, 고기를 감자 위에 얹은 다음, 설탕과 간장만으로 맛을 내고 뚜껑을 덮은 뒤 국물이 없어질 때까지 조립니다.

토란

감자

감자가
녹색이 되면
솔라닌이라는
독이
많아져요

띠산시엔(地三鮮)

1 2

3

🥄 Ready

가지 1개, 감자 2개, 피망 2개

기름 3큰술

양념 A(파 10cm, 양파 · 마늘 각각 1쪽을 잘게 썲)

양념 B(녹말 2작은술, 물 2큰술, 간장 · 우스터 소스 각 1큰술, 설탕 1작은술, 후추 조금)

에너지 295kcal

염분 2.0g

🍳 Make

1_감자 껍질을 벗겨 한입 크기로 썰고, 가지와 피망도 한입 크기로 썬다.

2_기름 1큰술을 두르고 감자를 표면이 노릇노릇해질 때까지 볶아 그릇에 옮긴 다음, 랩을 씌우지 않고 전자레인지에 돌린다(1분 30초).

3_기름 2큰술을 두르고 양념 A를 볶은 후, 가지와 피망, 2를 넣고 다시 볶는다.

4_여기에다 양념 B를 넣고 잘 섞은 뒤 불을 끈다.

tip 본래 야채를 각각 기름으로 튀겨 만든다.

탄수화물, 단백질, 칼륨, 비타민 B군, 식이섬유
점액 성분인 갈락탄과 뮤틴은 면역력을 높여준다.
에너지 비교
토란 : 58kcal/100g, 감자 : 76kcal/100g
참마 : 121kcal/100g, 고구마 : 132kcal/100g

탄수화물, 칼륨, 비타민 B_6 · C, 니아신
노화를 방지하는 비타민 C가 35mg/100g으로 대단히
많으며, 가열해도 15mg/100g이나 된다.
파란 껍질이나 싹에는 유해물질인 솔라닌이 함유되어
있다.

구츠구츠
Cooking tip!

감자를 전처리하지 않고 그대로 사용할 경우 비교적 빠른 시간 내에 볶아내는 요리이므로 감자가 익지
않을 수 있습니다. 볶기 전에 감자를 익혀 사용해야 하는데 전자레인지를 이용하거나 찜기에 찌면 큼직
한 감자를 볶음으로도 즐길 수 있어 포만감과 만족감을 얻을 수 있습니다.

[배추와 양상추]

말려서
달콤해지면
절임을
만들어요

녹황색 야채가 주목을 받는 데 비해, 색이 연한 야채는 별로 인기가 없었습니다. 하지만 최근에 건강에 좋은 플라보노이드 등이 녹황색 야채보다 풍부하게 함유되어 있다고 하여 명예회복을 했습니다. 오랫동안 먹어온 식재료들은 그 나름의 의미를 가지고 장수를 이끌어왔다고 할 수 있습니다.

배추는 95%가 수분이며 비타민 C나 칼슘, 마그네슘 등의 미네랄을 함유하고 있습니다. 배추는 많이 먹어도 속을 더부룩하게 하거나 몸을 차게 하지 않습니다. 그래서 냄비요리로 푹 끓여 먹으면 위장약이 되기도 합니다.

고기나 생선 등을 많이 먹으면 몸에서 열이 나서 위나 가슴 언저리가 꽉 막히거나 속이 쓰린 경우가 있습니다. 배추는 이러한 열을 식혀주는 작용을 합니다.

그리고 타액 등의 소화효소를 포함한 분비액의 양을 늘려주어 이것이 더욱 소화를 돕습니다. 게다

양상추는 싱싱하고 아삭아삭 씹히는 맛 때문에
샐러드의 주 원료로 쓰이고 있습니다.

가 배추는 식이섬유가 많으므로 장을 청소하여 장 운동을 좋게 합니다.

● 배춧잎 2~3장을 주서기에 갈아 그대로 마시는 배추주스(양하즙 조금과 벌꿀을 넣어도 좋습니다)는 숙취의 묘약입니다. 입이 바짝바짝 마르는 것을 완화해 주며, 간장 기능을 강화해 알코올의 분해를 활발하게 합니다.

● 배추는 기름과도 잘 맞아 다른 재료와 참기름 등으로 볶아 간을 하여 맛을 낸 후 물에 푼 녹말을 넣으면 중화식이 되고, 화이트소스에 넣어 푹 끓이면 서양식이 됩니다.
배추는 잘게 썰어 샐러드로 먹거나, 소금을 뿌려 가볍게 주물러 재웠다가 하루 만에 먹는 즉석절임으로 먹거나, 딱딱한 부분을 가볍게 데쳐 물기를 제거한 뒤 단촛물 등에 절여 먹으면 좋습니다.

● 배추 요리에는 파슬리, 쑥갓, 시금치, 당근 등의 녹황색 야채를 함께 먹으면 좋습니다. 양상추는 혈액순환을 좋게 하는 야채입니다. 싱싱하고 아삭아삭 씹히는 맛이 있어 샐러드의 주 원료로 쓰이고 있습니다.
비타민 C나 열에 강한 비타민 E 등이 함유되어 있습니다. 비타민 E는 혈액순환을 좋게 하고 노화를 방지하는 작용을 합니다. 색이 짙은 품종에는 몸 안에서 비타민 A로 변하는 베타카로틴이 많으며, 칼슘이나 철, 아연 등의 미네랄도 함유되어 있습니다. 줄기를 자르면 나

KOREAN CABBAGE

오는 유즙(乳汁)에는 진정 작용과 최면 작용을 하는 성분이 들어 있습니다.

● 양상추를 먹으면 모유가 잘 나오므로, 수유 중에는 양상추를 달인 액을 먹거나 수프로 해서 마시면 좋습니다.
그 외에 양상추에는 장 운동을 좋게 하는 기능과 이뇨 작용, 속 쓰림을 해소하는 기능 등이 있습니다.

● 양배추 채친 것에 양상추 채친 것을 합치면 아삭아삭해서 씹는 맛이 좋습니다. 하지만 생으로 먹을 수 있는 양상추의 양은 그리 많지 않습니다.
더군다나 위장이 차가운 사람이 생야채를 많이 먹는 것은 고역입니다.
그럴 때에는 샤브샤브로 즐기거나 수프에 넣거나 기름으로 볶으면 좋습니다. 잔멸치 등과 함께 기름에 살짝 볶은 후 폰즈를 넣으면 많은 양을 맛있게 먹을 수 있습니다. 볶아도 아삭아삭한 식감이 남아 있습니다.

배추밭

배추찜

1　2

3

🔑 Ready

배추 1/4포기, 대파 1대
얇게 썬 돼지 삼겹살 150g, 청주 3큰술
양념(간장 1큰술, 맛술 2작은술, 식초 1작은술, 레몬 반 개)

에너지 370kcal

염분 1.0g

비고 양념장으로 사용하므로 염분은 60%로

☁ Make

1_배추는 4cm 정도로 썰고, 고기는 먹기 좋게 썬다.

2_대파는 1cm 정도 두께로 어슷썰기한다.

3_냄비에 배추, 고기, 대파 순으로 번갈아 담은 후, 마지막에 배추를 넣는다.

4_그 위에 청주를 넣은 후, 뚜껑을 닫고 찐다.

5_양념을 섞어 작은 볼에 따로 담아낸다.

6_배추 등에서 나온 국물을 5에 조금 섞어 소스를 만들어 찍어 먹는다.

tip 양념은 시판 폰즈로 대체 가능하다. 유즈 코쇼를 넣어도 좋다.

🍲 배추의 주요 영양성분

칼륨, 칼슘, 마그네슘, 엽산, 비타민 B₁ · B₂ · C · K 식
이섬유
에너지 : 14kcal/100g
유채과의 야채에 함유된 글루코시놀레이츠는 씹으면 신
맛 성분인 이소티오시아네이트가 된다. 그 일종인 설포
라판에는 암 억제효과가 있다.

🥬 양상추의 주요 영양성분

칼륨, 칼슘, 철, 아연, 카로틴, 비타민 C · E, 엽산,
에너지 : 12kcal/100g
양상추에서 발견된 비타민 E는 동물실험에서 불임증에
효과가 있음이 인정되었습니다.

구츠구츠
Cooking tip!

물을 따로 넣지 않아도 배추의 수분만으로 건강하게 즐길 수 있는 간단한 요리입니다. 재료 그대로의
맛을 만끽할 수 있으며 양도 푸짐하고 영양면에서도 좋은 요리입니다. 유즈 코쇼는 매운 청고추와 유
자를 갈아 소금을 넣고 발효시킨 일본 전통 조미료로, 유즈 코쇼 대신 고추장이나 두반장을 조금 넣어
도 좋습니다.

위나 장의 점막 보호

[양배추]

이른 봄은 봄 양배추와 겨울 양배추가 모두 맛있는 계절입니다. 속이 꽉 찬 겨울 양배추는 푹 삶아 먹고, 부드러운 봄 양배추는 생으로 먹으면 좋습니다.

돈가스에 곁들이는 얇게 썬 양배추는 계속 먹고 싶지 않나요? 이렇게 생 양배추를 먹는 습관은 독특한 음식문화라고 할 수 있습니다.

양배추는 암 예방효과가 있는 플라보노이드를 많이 함유하고 있습니다. 이런 양배추의 단맛과 씹는 맛을 즐기면 좋습니다.

유럽에서 양배추는 옛날부터 위나 십이지장궤양의 묘약으로 알려져 있습니다. 양배추에는 궤양에 잘 듣는 비타민 U와 출혈을 막는 작용이 있는 비타민 K 등이 함유되어 있습니다. 따라서 짓무른 위나 십이지장, 소장과 대장 등의 점막을 보호하거나 회복하는 데 좋습니다.

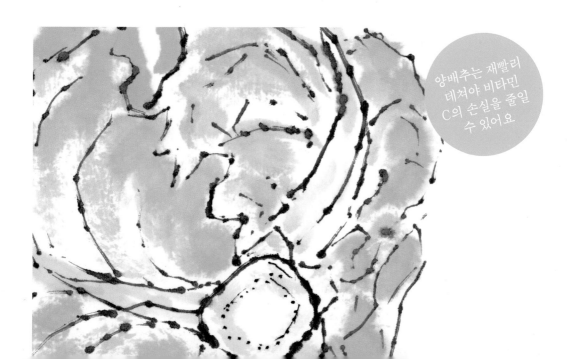

양배추는 재빨리 데쳐야 비타민 C의 손실을 줄일 수 있어요

유럽에서 양배추는 옛날부터 위나 십이지장궤양의 묘약으로 알려져 있습니다.

자주 궤양에 시달리는 분이나 위와 장이 별로 튼튼하지 못한 분은 평소 식사할 때 양배추를 드셔보면 어떨까요?

비타민 U는 양배추심 있는 곳에 많으니 심도 잘게 썰어 먹으면 좋습니다.

양배추에는 감기를 예방하고, 신경을 안정시켜 초조함을 없애주고, 아름다운 피부를 만들어 주는 등의 효능이 있습니다. 중국의 오랜 한방 책에는 귀나 눈을 밝게 해 주며 노화방지에 도움이 된다고 기록되어 있습니다.

양배추가 찜질에도 도움이 된다는 사실을 알고 계시나요? 이전에 열이 났을 때 '양배추 잎을 얼굴에 쓰고 잔 적이 있어요'라고 말하는 어머니를 만났습니다.

요즘에는 드문 응급처치지만, 발열에는 양배추를 주물러 부드럽게 한 뒤 이마나 겨드랑이 사이, 팔꿈치나 무릎의 뒤쪽에 대고 찜질합니다. 유선염이거나 이유기로 젖이 불었을 때에도 양배추 찜질이 도움이 됩니다.

녹즙의 원료가 되는 케일은 양배추의 조상님 격입니다. 재배법에 따라 꽃양배추와 브로콜리, 양배추 그리고 감상용인 모란채 등이 생겨났습니다.

양배추를 세로로 자르면 심의 중심 근처에 유채와 같은 꽃봉오리를 찾을 수 있어 유채과라는 말이 납득이 갑니다.

- 잘게 썬 양배추에 랩을 씌워 전자레인지에 돌려 부드러워진 것을 소금에 절인 다시마와 함께 버무리기만 해도 일품요리가 됩니다.

- 양배추를 한입 크기로 자르고 절반의

C A B B A G E

오이를 얇고 둥글게 썬 후, 가늘게 채 썬 생강과 소금 1/2작은술을 넣고 볼에 담아 골고루 버무립니다. 그리고 비닐 봉지에 넣어 냉장고에 재우면 양배추 즉석절임이 됩니다.

● 프라이팬이나 중화냄비로 할 수 있는 양배추 볶음입니다. 마늘 여러 개를 큼 직하게 썰어 엷은 갈색이 될 때까지 저 온의 기름에서 볶습니다.

쇠고기나 돼지고기 등의 고기를 넣고 더 볶은 후, 마지막에 네모나게 5cm 크 기로 자른 양배추를 듬뿍 넣고 볶아서 설탕과 간장으로 맛을 냅니다.

이 양배추 볶음은 식욕을 돋우는 스태 미나 요리입니다.

● 롤 양배추는 국물과 함께 그대로 냉동 할 수 있으므로 양배추 1개 분량을 만들 어 두면 편리합니다. 심을 제거한 양배 추를 통째로 삶아 이용합니다.

완성된 롤 양배추는 2~3개씩 용기에 나누어 담아 냉동하면 사용할 때에 편 리합니다.

양배추

롤 캐비지(양배추롤)

◗ Ready

양배추 4장
쇠고기와 돼지고기를 반반씩 섞어 갈은 고기 150g
양파 1/2개, 빵가루 5큰술, 취향의 버섯 50g
소금, 후추, 넛맥(육두구) 조금, 고형 콘소메 1조각
월계수 잎 1장

에너지 233kcal
염분 1.8g

◗ Make

1_소금을 약간 넣은 뜨거운 물에 양배추를 삶은 후 두꺼운 심 부분을 도려낸다.
2_양파는 잘게 썬다.
3_볼에 2와 갈은 고기, 빵가루, 소금 한 줌, 후추, 넛맥을 넣고 골고루 치대 반죽한다.
4_양배추의 물기를 제거하고 양배추 심쪽이 내 쪽으로 오도록 한 뒤 잎을 바깥쪽으로 펼친다. 3의 반죽한 고기 1/4을 타원형으로 둥글게 모양을 잡아 펼친 양배추의 1/3 지점에 올리고, 아래쪽, 오른쪽, 왼쪽 순으로 감싸고 바깥쪽으로 굴리듯이 말아 마지막에 이쑤시개로 고정한다.
5_말은 양배추는 이음새 부분이 아래로 가게 하여 냄비에 가지런히 놓은 후 물 400cc와 고형 콘소메, 월계수 잎을 넣고 끓인다.
6_부글부글 끓기 시작하면 떠오르는 거품을 제거하고 뚜껑을 닫은 후 약한 불로 20분 정도 끓인다.
7_취향의 버섯을 넣고 10분 더 끓인 후 마지막에 기호에 맞게 소량의 버터나 케첩 등을 첨가한다.

tip 간이 싱거울 때는 소금을 첨가한다.

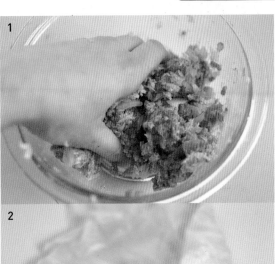

☕ 양배추의 주요 영양성분

칼슘, 카로틴, 엽산, 비타민 C · K · U, 식이섬유
에너지 : 23kcal/100g
비타민 U는 단백질 합성 작용을 하는 아미노산의 일종으
로, 위산의 분비를 억제하고 위 점액을 보호한다. 위장약
으로도 이용된다.

구츠구츠
Cooking tip!

햄버그 스테이크를 만들거나 롤 양배추를 만들 때 쇠고기만 넣으면 고기가 너무 단단해지고, 돼지고기만 사용하면 고기가 너무 기름집니다. 그래서 소와 돼지를 반반씩 섞어 사용하면 좋습니다. 양배추에 고기 반죽을 올려놓고 말아 고정할 때에는 스파게티면을 이용하면 먹을 때 빼는 번거로움이 없고 면도 부드럽게 삶아져 그대로 먹을 수 있습니다.

스트레스에는 비타민

[딸기]

과일을 먹을 때에 행복하다고 느낀 적 없나요? 과일은 사람의 마음을 따뜻하게 해 주는 것 같습니다. 과일에는 파이토케미컬(식물에 포함된 화학성분) 등이 많이 함유되어 있습니다.

최근 딸기의 제철을 알 수 없어진 것 같지 않으세요? 대략 크리스마스 전부터 출하량이 늘어, 원래보다 제철이 당겨진 것 같습니다.

딸기는 비타민의 보고(寶庫)입니다. 특히 비타민 C가 풍부합니다. 딸기를 3~4개 정도 먹으면 하루 필요한 비타민 C를 채울 수 있습니다.

비타민 C는 피부를 예쁘게 만들어 줄 뿐 아니라 이나 뼈의 형성, 모세혈관의 보전 등 많은 기능이 있습니다. 게다가 감기 예방이나 동맥경화에도 효과가 있습니다.

스트레스 때문에 다양한 병에 걸리는 것은 이미 잘 알려져 있습니다. 스트레스에 대항하여 신장 위에 있는 부신(副腎)이라는 장기가 동작하는데, 이때 비타민 C가 대량 필요합니다.

소금물이나 식초를 탄 물에 살짝 헹구어도 좋아요

딸기를 3~4개 정도 먹으면
비타민 C의 하루 필요량을 채울 수 있습니다.

이 때문에 스트레스를 많이 받는 사람일수록 비타민 C가 필요합니다.

담배를 피우는 사람과 술을 마시는 사람도 비타민 C를 꼭 섭취해야 합니다.

● 비타민 C는 물에 잘 녹으므로 딸기 꼭지를 딴 후 물에 씻으면 비타민 C가 놀라울 정도로 줄어들어 맛도 싱거워집니다. 꼭지를 그대로 둔 채 물로 씻도록 합시다.

● 딸기에는 칼륨이 많고 나트륨이 적어 이뇨 작용이 있습니다. 그래서 부종이나 고혈압에도 효과가 있습니다. 식이 섬유는 장 기능을 좋게 하여 변비를 해소하는 데 도움이 됩니다. 당근이나 사과 등과 함께 주스로 만들어 마시면 몸과 마음이 산뜻해져 머리와 눈도 개운해집니다.

딸기에는 단맛과 신맛이 있는데, 신맛이 단맛을 부각해 주곤 합니다. 신맛의 주성분인 구연산 등의 유기산은 피로해소에 도움을 주어 힘이 납니다.

● 프랑스어로 잼은 콩피튀르라고 합니다. 그럼, 딸기 콩피튀르 만드는 방법을 알려드립니다.

딸기 300g과 그라뉴당 90g, 레몬즙 1/2개 분량을 준비해 주세요. 딸기 꼭지를 칼로 잘라낸 후 물에 씻어 물기를 뺀 뒤 볼에 넣습니다. 딸기에 그라뉴당과 레몬즙을 뿌려 1시간에서 하룻밤 정도 재워 두면 수분이 많이 배어나옵니다.

이것을 법랑 냄비 또는 내열유리 냄비

STRAWBERRY

에 옮긴 후, 불에 올려 센 불로 끓입니다. 끓으면 거품을 떠내면서 아주 약한 불로 계속 졸여 주면 완성입니다.

보존할 때는 유리병을 세정하고 중탕해서 살균 소독하는 것을 잊지 맙시다. 크기가 작고 새콤해 가격이 저렴한 딸기가 많이 출하될 때 만들어 보는 것이 좋습니다.

딸기를 많이 구입했을 때는 설탕을 묻혀

냉동합니다. 언 채 셔벗 상태로 하여 주서기로 주스를 만듭니다.

제가 딸기를 먹을 때 항상 떠올리는 것은 할머니가 손수 만든 '미츠마메'(일본의 디저트. 삶은 붉은 완두콩과 깍둑썰기한 한천, 각종 과일과 과일 통조림 등에 꿀이나 시럽을 곁들인 요리—옮긴이)입니다. 씹는 맛이 있는 한천과 딸기, 바나나, 달콤한 시럽, 그리고 할머니에 대한 추억으로 가슴이 꽉 차오릅니다.

딸기

프루트펀치

Ready

딸기 4개, 키위 1/2개, 사과 1/4개
바나나 1/2개, 찹쌀가루 25g, 물 25mL 정도
레몬즙 1작은술
시럽 A(1/2 물컵, 설탕 2큰술, 벌꿀 2작은술)

에너지 160kcal
염분 0g

Make

1_냄비에 시럽 A를 넣고 가열하여 설탕이 녹으면 불을 끄고 식힌 후, 레몬즙을 넣고 냉장고에서 식힌다.
2_찹쌀가루에 물을 조금씩 넣어 부드럽게 반죽한 후 경단을 만들어 뜨거운 물에 넣는다. 물 위로 떠오르면 1분 정도 삶아 꺼내어 얼음물에 담갔다 차가워지면 소쿠리로 건진다.
3_과일은 먹기 좋은 크기로 자른다.
4_그릇에 2와 3을 넣고 1의 시럽을 뿌린다.

tip 기호에 맞게 탄산수나 샴페인을 추가해도 좋다.

🍴 딸기의 주요 영양성분

칼륨, 칼슘, 엽산, 판토텐산, 비타민 C, 식이섬유
에너지 : 34kcal/100g
비타민 C가 62mg/100g 함유되어 있다. 면역력을 높이고, 감기 예방 등에 도움이 된다. 빈혈예방의 효과는 엽산과 비타민 C의 상승효과를 기대할 수 있다.

구츠구츠
Cooking tip!

경단을 만드는 것이 번거로운 분은 떡볶이 떡이나 가래떡을 작게 잘라 뜨거운 물에 데친 후 찬물에 식혀 넣어 보세요. 빙수용으로 판매되는 떡도 괜찮습니다.

[두릅과 민들레]

봄의 소식을 알리는 머위의 어린 꽃줄기, 산나물과 들풀은 봄의 향기를 전해 줍니다. "가장 좋아하는 산나물은?"이라는 질문을 받으면 뭐라고 대답하시나요? 저는 두릅이라고 말합니다. 두릅과 민들레는 둘 다 모두 친근한 야채입니다.

독특한 향기와 씹는 맛이 끝내주는 두릅, 이 두릅을 한자로 쓰면 독활(獨活)입니다. 한약의 재료로 쓰이는 독활은 땅두릅과 멧두릅 등 미나리과 식물의 뿌리줄기와 뿌리입니다.

식용으로 쓰이는 두릅에는 향의 원료인 정유가 많으며, 발한이나 이뇨 작용이 있습니다. 두통과 콧물에도 효과가 있어 체력이 약해져 감기에 걸렸을 때나 출산 후의 감기 등에 이용하며, 생강이나 파와 함께 먹으면 그 효과가 높아집니다.

알싸한 맛의 원료는 타닌인데, 타닌에는 소화를 돕는 디아스타아제(아말라아제) 등의 효소가 함유되어 있습니다.

꽃도
튀김으로
좋아요

식용으로 쓰이는 두릅에는 향의 원료인 정유가 많으며,
발한이나 이뇨 작용이 있습니다.

두릅은 옛날부터 신경통 등에 이용되어 왔습니다. 관절 등에 쌓인 수분을 없애 부기나 통증을 제거합니다.

- 신경통 등에는 생두릅 요리나 주스가 좋습니다.

- 두릅의 잎은 튀겨 맛과 향을 즐깁니다. 껍질은 볶음에 사용합니다. 잎과 껍질을 망에 넣어 목욕탕 욕조에 넣으면 향도 좋고 몸이 따뜻해져 혈액순환도 좋아집니다.

민들레는 유럽에서 애용되고 있는 허브입니다. 프랑스나 독일에서는 지금도 샐러드 등으로 먹기도 합니다.

중국의 한방 책에도 채부(菜部)에 분류되어

있는 것으로 볼 때 원래 식용으로 쓰였다는 것을 알 수 있습니다.

민들레의 잎이나 뿌리는 간의 병이나 담석 외에 위장병, 종기, 편도선염 등에 이용되어 왔습니다. 건조시킨 잎과 뿌리를 10g 정도 넣어 달입니다.

- 민들레 커피 만드는 법을 알려드립니다. 연필 굵기 정도의 민들레 뿌리를 20개 정도 캐내어 물로 씻습니다.
1~2cm의 길이로 잘라 물로 헹군 후 떫은맛을 제거하고, 푸드 프로세서 등으로 5mm 정도로 잘게 썹니다. 그리고 햇볕에 말린 뒤 프라이팬에 센 불에서 볶아 커피처럼 거르든지 끓여서 맛을 우려내어 사용합니다.
민들레 커피는 모유를 잘 돌게 하여 유

DANDELION

D U R E U B

선염도 예방되며, 임신, 수유 기간에도 커피를 마시는 듯한 만족감도 얻을 수 있습니다.

잎과 차조기를 실처럼 가늘게 썰어 다른 야채나 해초와 섞어 드레싱하거나 단촛물에 버무려 먹으면 좋습니다.

● 민들레 잎 샐러드는 어떠세요? 민들레

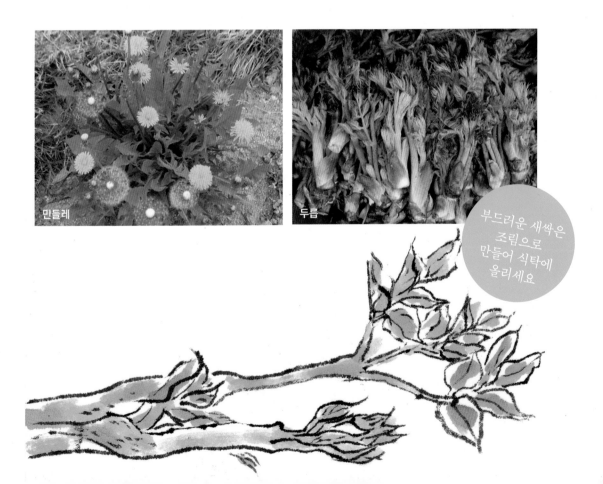

민들레

두릅

부드러운 새싹은 조림으로 만들어 식탁에 올리세요

두릅 초 된장 무침

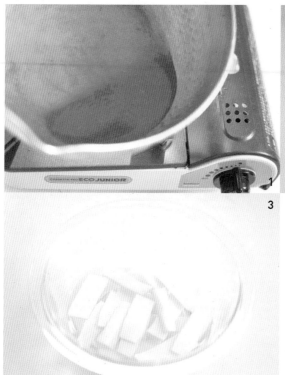

1   2

3

Ready

두릅 1~2개, 레몬 1/4개 분량
양념(일본된장 · 설탕 · 술 각 1큰술, 맛술 · 식초 각 1작은술)

에너지 67kcal

염분 1.1g

Make

1_두릅의 껍질을 벗겨 길이 4cm 정도의 긴 직사각형으로 잘라 식초 물로 헹군 후 소쿠리에 건진다.

2_냄비에 양념을 넣고 불에 올려 저으면서 맛술의 알코올 성분을 날린 후, 불을 끄고 식힌다.

3_레몬즙을 2에 넣고 잘 섞는다.

4_그릇에 두릅을 담은 후, 3을 위에 얹는다.

tip 두릅에는 뜨거운 물을 부어도 좋다.

칼륨과 식이섬유 등은 풍부하지만, 비타민과 미네랄은
적다.
에너지 : 18kcal/100g
향의 성분은 디테르펜으로 정신안정, 해열, 진통, 이뇨,
소염 작용이 있다. 신진대사를 높이는 아스파라긴산을
소량 함유하고 있다.

구츠구츠
Cooking tip!

두릅은 땅두릅, 산두릅, 멧두릅 등 종류가 많습니다. 가까운 산이나 산채를 파는 곳에서 여러 종류의 두
릅을 즐기면서 제철에 봄을 맛보세요. 일본된장 대신 고추장이나 된장을 이용해도 좋을 것 같습니다.
일본된장은 불에 올려 너무 가열하면 풍미가 전부 날아가 버리므로 반드시 약불에서 조리합니다.

기력이 돌고 개운함

[차조기와 양하]

기 순환을 좋게 하는 야채가 있습니다. 일본의 허브라고도 불리는 차조기입니다. 한약 재료로도 쓰이며 자소엽이나 소엽으로도 불립니다. 자소엽은 이름 그대로 잎이 붉으며, 소엽이라 불리는 차조기는 푸른색 소엽을 가리킵니다.

동남아시아에서 차조기는 양념으로도 사용합니다. 베트남에서는 쇠고기 우동이나 베트남식 오코노미야키에 곁들이는 것 외에 육류를 사용한 냄비 요리에도 많이 사용합니다.

향의 원료는 정유입니다. 차조기는 침울해지고, 초조하고, 식욕이 없고, 잠을 자지 못하는 등의 증상을 개선하는 데 도움이 됩니다. 그 외에 식중독 예방과 감기로 인한 두통이나 기침, 가래 등을 없애는 작용도 있습니다.

쌈이나 비빔밥, 장아찌 등 다양하게 즐겨요

차조기는 침울해지고, 초조하고, 식욕이 없고,
잠을 자지 못하는 등의 증상을 개선하는 데 도움이 됩니다.

● 차조기의 잎이나 열매가 달린 줄기를 잘게 썰어 뜨거운 물을 부어 차처럼 마시면 좋습니다. 잎과 열매에 알레르기 질환에 유용한 성분을 함유하고 있어 건강식품으로도 이용되고 있습니다.

● 자소엽주스 만들기는 제가 해마다 기대하는 즐거운 일입니다. 부글부글 끓인 물 500mL~1L에 붉은 자소엽 150g을 넣고 3분 정도 맛을 우려낸 후 잎을 제거합니다.
그리고 식초 80mL와 설탕 150g을 넣고 잘 저어 식힌 뒤 냉장고에 보관합니다. 주스 색이 보라색에서 붉게 변하는 순간이 참 보기 좋습니다.

● 차조기술은 반나절에서 이틀 정도 그늘에 말린 차조기와 차조기의 열매가 달린 줄기 200g, 얼음 설탕 200g을 순서대로 넣고 소주 1.8L를 넣습니다.
차조기는 보름 정도 지나면 건져내며, 3개월 정도면 마실 수 있게 됩니다. 붉은 자소엽으로 술을 담글 때는 식초나 구연산 등을 첨가하면 색이 선명해집니다.

양하의 향이나 식감을 통해 여름을 느낍니다. 양하의 정유에도 진정 작용이 있어서 마음이 차분해집니다.

● 양하를 잘게 썰어 된장이나 간장으로 맛을 낸 후, 뜨거운 물을 부어 마십니다. 국 등에 잘게 썬 양하를 듬뿍 넣어 먹어도 기분이 상쾌해집니다.

MYOGA

SHISO LEAF

● 양하를 올리브유에 볶아 소금을 친 후,
뚜껑을 덮고 약한 불로 5분 정도 찝니
다. 식초를 넣고 1분 정도 조려 냉장고
에서 식히면 와인 등에도 잘 맞는 일품
요리가 됩니다.

　양하를 냉동할 경우는 잘게 썰어 조금씩
랩으로 싸서 보관합니다. 양하를 먹으면 건망
증이 생기는 일은 없습니다.

차조기

양하

생강과
유사해요

양하가 들어간 당면 샐러드

1, 2

3

Ready

양하 2개, 당면 30g, 햄 3장
차조기 2개, 오이 1개, 달걀 1개
양념(간장·식초 각 1큰술, 설탕 1작은술, 참기름 1작은술, 하얀 볶은 참깨 2작은술)

에너지 192kcal

염분 2.0g

Make

1_ 달군 프라이팬에 기름을 붓고 잘 푼 달걀을 넣어 얇게 익힌 뒤 가늘게 썬다.

2_ 당면을 뜨거운 물에 2~3분 삶은 후 소쿠리로 건져 식힌 뒤 먹기 쉬운 크기로 자른다.

3_ 오이와 햄은 얇게 채 썬다. 양하도 세로로 얇게 채를 썰고, 차조기는 실처럼 가늘고 길게 썬다.

4_ 볼에 1, 2, 3을 넣은 후 양념으로 버무린다.

tip 햄 대신에 데친 닭고기를 사용해도 좋다.

차조기의 주요 영양성분

칼륨, 칼슘, 철, 망간, 카로틴, 비타민 $B_1 \cdot B_2 \cdot C$, 식이섬유
에너지 : 37kcal/100g
차조기(자소엽)에는 몸 안에서 비타민 A로 변화되는 베타카로틴이 매우 많다.
붉은 차조기(적자소엽)에는 안토시아닌이 많아 암 억제와 노화를 방지하는 작용이 있다.

양하의 주요 영양성분

칼륨, 칼슘, 마그네슘, 망간, 비타민 K, 식이섬유
에너지 : 12kcal/100g
향의 성분은 α-피넨으로 식욕증진, 혈행촉진, 발한을 촉진하여 체온을 조절한다.

구츠구츠
Cooking tip!

당면의 칼로리가 걱정이신 분은 실곤약이나 천사채를 이용해 보세요. 잘게 자른 김을 올리거나 양배추를 가늘게 채 썰어 넣어도 좋을 것 같습니다.

피부 미용에 효과

[토마토]

　'세계에서 생산량이 가장 많은 야채는?' 정답은 '토마토'입니다. 토마토의 제철은 7~8월로, 밭에서 기른 잘 익은 토마토의 맛은 각별합니다.

　'토마토는 야채인가? 과일인가?'를 둘러싸고 미국 연방대법원 판결(1893년)이 있다 하니 놀랍습니다. 수입업자는 '과일'은 세금이 없고 '야채'는 관세가 붙기 때문에 '과일'로 하고 싶었지만, 결국 인정되지 않았습니다. 판결에서 토마토를 '야채'로 한 이유는 '디저트가 되지 않기 때문'이라는 것이었습니다. 요즘은 방울토마토도 있기 때문에 충분히 디저트가 됩니다.

　'토마토가 빨개지면 의사 얼굴은 파래진다'는 서양속담이 있습니다. 토마토를 잘 먹으면 위장이 튼튼해져 병을 모르게 된다는 뜻입니다.

　토마토는 구연산, 사과산 등 많은 유기산이 함유되어 있어 위(胃)의 기능을 좋게 하고 식

리코펜이
토마토를
붉게
만들어요

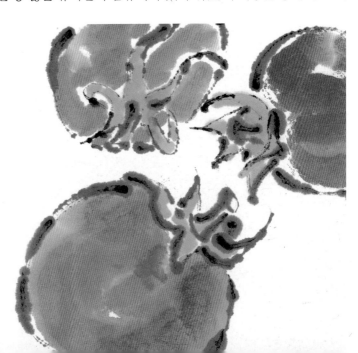

토마토는 구연산, 사과산 등 많은 유기산이 함유되어 있어
위의 기능을 좋게 하고 식욕을 증진해 줍니다.

욕을 증진해 줍니다.

여름을 타서 식욕이 떨어졌을 때에는 피로 해소를 앞당기고, 몸의 열을 진정시켜 갈증을 풀어 주는 토마토가 좋습니다. 그리고 숙취에는 토마토주스를 권해드립니다.

토마토는 단백질의 소화를 도와주므로 고기나 생선 요리에 곁들여 먹으면 좋습니다. 토마토의 색은 리코펜에 의한 것으로 카로틴과 같은 부류입니다.

리코펜은 강한 항산화 작용으로 주목을 받고 있습니다. 동맥경화를 예방하는 작용이 있다고 합니다.

토마토는 고운 피부를 만드는 데도 안성맞춤입니다. 비타민 A · B6 · C · H, 엽산 등 피부에 좋은 비타민이 많이 함유되어 있기 때문입니다. 유기산은 피부의 신진대사를 촉진합니다.

비타민 P도 모세혈관에 작용하여 피부에 영양을 줍니다. 고운 피부를 만드는 데는 토마토주스나 생식이 적합합니다.

토마토에는 드물게 글루탐산 등 천연 아미노산류가 많은 것도 특징입니다.

2012년 교토대학 연구진은 생쥐 실험에서 토마토 성분이 중성지방을 줄이는 작용을 한다는 사실을 발표했습니다.

그 후 '토마토를 먹으면 살이 빠진다'는 이야기가 퍼져 가게에서 토마토가 동나는 현상까지 일어났습니다.

동물실험이 사람에게 유효하다는 것은 아닙니다. 유효 성분은 확인되었지만 토마토를 포함한 야채를 평소에 식사로 섭취하는 것이 무엇보다 중요하다는 것을 새삼 느꼈습니다.

● 토마토를 색다르게 먹는 법을 알려드

TOMATO

립니다. 우선 '1일 절임'입니다. 토마토
는 껍질째로 4~8등분하고, 여기에 껍
질을 벗겨 막대 모양으로 자른 마와 오
이를 양념장과 함께 용기에 넣은 뒤 냉
장고에서 하룻밤 재웁니다.
양념장은 간장·맛술·식초 각 1큰술,
빨간 고추 1개, 물 3큰술, 티백 주머니
에 넣은 가다랑어 포 5g을 한 번 부글부
글 끓여 만듭니다.

방울토마토

● 어묵탕에도 토마토는 잘 어울립니다.
껍질을 벗긴 토마토를 통째로 마지막에
넣고 데우기만 하면 됩니다.
돼지고기를 잘게 썰어 넣은 된장국에는
토마토 껍질을 벗겨 먹기 좋은 크기로
자른 후, 마지막에 넣습니다. 토마토가
따뜻해지면 완성입니다.

토마토

미네스트로네풍 야채 수프

1 2
3

⚷ Ready

토마토 2개, 양파 반 개, 당근 반 개
셀러리 1개, 감자 1개, 베이컨 2장
삶은 대두 2큰술, 마늘 1쪽
월계수 잎 1장, 파슬리 소량
올리브유 1큰술, 고형 콘소메 1조각, 소금, 후추

에너지 295kcal
염분 1.9g

⌒ Make

1_토마토는 가로세로로 칼집을 넣은 후, 끓는 물에 10초
데쳐 찬물에 넣었다 꺼내어 껍질을 벗기고 잘게 썬다.

2_양파, 당근, 셀러리, 감자는 네모나게 1cm 크기로 썬
다. 베이컨은 1cm 폭으로 자른다.

3_냄비에 올리브유를 넣고 잘게 썬 마늘을 저온으로 볶
는다. 양파, 당근, 셀러리, 베이컨을 넣고 타지 않도록
10분 정도 볶는다.

4_3에 물 3컵과 1, 감자, 삶은 대두, 월계수 잎, 고형수프
재료를 넣고 15~20분 조린 후, 소금과 후추로 맛을
조절한다. 마지막으로 잘게 썬 파슬리를 뿌린다.

토마토의 주요 영양성분

칼륨, 카로틴, 비타민 B_1 · B_2 · B_6 · C
에너지 : 19kcal/100g
적색 색소인 리코펜은 카로테노이드의 일종으로 암 예방
과 동맥경화 예방에 효과가 있다. 루틴, 구연산, 글루탐
산을 함유하고 있다. 향 성분인 피라진을 함유하고 있다.

구츠구츠
Cooking tip!

향신채의 향이 배어나오게 할 수 있는 방법은 기름을 이용하여 약한 불에서 천천히 볶는 것입니다. 특히나 냄비는 프라이팬보다 표면 코팅이 좋지 않기 때문에 재료를 볶을 경우 금방 들러붙거나 타버리므로 주의합니다. 레시피에 적힌 재료 외에 좋아하는 재료를 함께 넣어도 좋습니다. 바쁠 때는 야채 전부를 함께 푹 삶아도 좋습니다.

부종에 효과

[수박과 오이]

저는 수박 덕분에 무더운 여름을 극복할 수 있는 걸 언제나 감사하고 있습니다. 기분 좋게 소변을 보면 부종이 줄어드는 것을 느낍니다. 이런 이뇨 작용은 수박에 풍부하게 함유되어 있는 칼륨과 아미노산, 효소 등에 의한 것입니다.

옛날 한방 책에는 입이 마르거나 몸이 화끈거리는 데 수박이 효과가 있다고 기록되어 있습니다. 목의 부기나 통증, 구내염에는 수박주스로 가글을 하는 방법이 전해지고 있습니다.

중화요리 등 기름진 것을 먹은 후에는 디저트로 자주 이용됩니다. 중국의 수박은 가격도 저렴해서 서민이 무척 좋아하는 먹거리 중 하나입니다. 껍질과 씨는 약용과 식용으로 이용합니다.

과일의 단맛을 맛있게 느끼는 온도는 15도 정도라고 합니다. 그러니 너무 차게 하지 않는 편이 좋습니다. 수박에는 한과(寒瓜)라는 별명도 있으니 몸이 냉한 분은 과식하지 않도록 합시다.

찬 성질인
오이는
따뜻한 성질의
식재료와 궁합이
맞아요

몸이 냉한 분은 수박을 과식하지 않도록 합시다.

● 껍질의 하얀 부분은 절이거나 여주참플 (오키나와의 요리로 여주와 두부, 각종 야채를 함께 볶아 먹는다-옮긴이)이 아닌 수박참플로 볶아서 드시면 좋습니다.

● 여름의 간식으로 수박 셔벗은 어떨까요? 주사위 모양으로 자르거나 스푼으로 도려내어 설탕과 섞거나 설탕과 화이트와인을 조금 뿌린 후 냉동하면 됩니다.

● 수박 젤리는 한천가루 1g, 물 50mL를 잘 저어 불에 올려 한천이 녹으면 수박 과즙 300mL를 넣고 저은 후, 용기에 넣고 냉장고에서 굳히면 됩니다. 수박의 과즙은 씨를 제거하고 고운 체로 거르거나 가제로 감싼 후 짜서 만듭니다.

● 오이도 부종에 좋은 음식입니다. 칼륨이 많아 몸 안의 남은 수분을 소변으로 내보내므로 '자연 이뇨제'라고 부릅니다. 강한 이뇨 효과에는 열을 가하면 좋다고 하여 중국에서는 탕수육 등의 볶음 요리나 조림 요리에도 폭넓게 이용되고 있습니다.

중국 당나라 시대의 처방집에는 잘라서 씨를 제거하지 않고 식초로 삶은 후 반쯤 익은 상태에서 먹으면 부종에 효과가 있다고 기록되어 있습니다.

몸에 쌓인 열을 식혀 목의 갈증을 풀어줘, 여름을 잘 타는 사람에게도 도움이 됩니다.

● 여름을 잘 타서 위장 상태가 좋지 않을 때는 오이를 누카즈케(쌀겨에 소금을 섞

CUCUMBER

WATERMELON

어서 채소 등을 잠기게 넣고 숙성시키는 쌀겨절임–옮긴이)로 담가 먹으면 겨 속의 비타민 B₁이 오이에 스며들어 피로해소에 도움이 됩니다. 야채즉석절임은 식욕증진제가 되기도 합니다.

● 오이 된장국을 드셔 본 적 있나요? 잘 익은 큰 오이는 씨를 제거한 후 된장국의 재료로 사용하면 상당히 맛있습니다.

● 수박 껍질의 하얀 부분과 오이, 양하를 잘게 썰어 소금에 절인 다시마로 버무리면 간단히 반찬이 됩니다.

수박

수박 껍질로 만든 국

1 2

3

Ready

수박 껍질 100g, 게살 통조림 1/2개
말린 표고버섯 1장, 간장 1/2큰술
소금 조금, 녹말 1/2큰술(물 1큰술로 갠다)
양하 · 생강 조금

에너지 34kcal

염분 1.2g

Make

1_말린 표고버섯은 물 2컵으로 불린 후 가늘게 채 썬다.
2_수박 껍질은 녹색의 딱딱한 부분을 벗긴 후 세로 4cm, 두께 2mm 정도로 자른다.
3_표고버섯을 불린 물에 1과 2를 넣고 수박 껍질이 투명해질 때까지 끓인다.
4_게살 통조림, 간장을 3에 넣고 소금으로 맛을 조절한 후, 녹말물로 약간 걸쭉하게 만든다.
5_그릇에 담은 후 잘게 썬 양하와 강판에 간 생강을 얹는다.

◆ 수박의 주요 영양성분

칼륨, 카로틴, 비타민 C
에너지 : 37kcal/100g
아미노산의 일종인 시트룰린은 특히 껍질에 많으며, 혈
관의 노화방지와 피로해소에 효과가 있다.
리코펜은 적색색소로 항산화 작용이 있다.

◆ 오이의 주요 영양성분

칼륨, 구리, 카로틴, 비타민 C · K
에너지 : 14kcal/100g
겨된장에 담그면 비타민 B$_1$ · B$_6$가 증가한다.
냄새의 원료는 피라진으로 혈전을 예방한다.

구츠구츠
Cooking tip!

수박 껍질의 표면은 단단하여 벗기는 데 주의가 필요합니다. 수박의 붉은 과육 부분을 깨끗하게 도려
낸 후에 하얀 부분을 사용합니다. 표고버섯은 생것도 가능하나 말린 표고버섯처럼 깊은 국물맛을 내진
못합니다.

쓴맛이 독특하고 지치지 않음
[피망과 여주]

아이가 싫어하는 야채는 무엇일까요? 아마도 첫 번째가 피망일 것입니다. 아무래도 아이들은 피망의 독특한 쓴맛을 강하게 느끼는 것 같습니다. 요즘에는 품종을 개량해 먹기 좋은 피망이 늘어났습니다. 또한 가열하면 먹기 쉬우므로 조금씩 익숙해지길 바라는 마음입니다.

피망에는 비타민 A · C · E 등이 풍부합니다. 특히 피망은 고기와 궁합이 잘 맞아서 스태미나 요리나 더위를 잊게 해 주는 야채로 쓰입니다.

피망은 기름과 함께 쓰면 비타민 A의 흡수율이 높아집니다. 하지만 지금은 오히려 기름을 많이 쓰는 것이 문제가 되는 시대이므로 가능한 한 적은 기름으로 조리하도록 신경을 쓰

반을 갈라
씨를 털어내고
보관해요

피망은 고기와 궁합이 잘 맞아서 스태미나 요리나
더위를 잊게 해주는 야채로 쓰입니다.

는 것이 좋습니다.

칼륨이 많고 나트륨이 적은 피망에는 이뇨 작용이 있어서 신장을 청소해 줍니다. 또한 식이섬유도 풍부합니다. 피망 특유의 냄새 성분은 혈전을 예방하는 효과가 기대되고 있습니다.

● 다채로우면서 큰 파프리카는 샐러드나 볶은 음식, 피클 등의 야채 절임에도 이용합니다.

피클액은 식초와 설탕을 끓여서 식힌 후 월계수, 통후추, 클로브(정향나무의 꽃봉오리를 말린 것), 고추, 마늘 등의 향신료 중에서 좋아하는 것을 추가하여 만듭니다.

파프리카, 오이, 셀러리, 무, 당근 등의 야채를 가볍게 소금에 버무려 물기를

꼭 짜내거나 뜨거운 물에 데친 후 절입니다. 뜨거운 물에 불린 건포도를 넣으면 자연스럽게 단맛과 신맛이 납니다.

파프리카의 껍질을 벗겨야 하면 노릇노릇하게 구운 후, 탄 부분을 정성껏 벗깁니다.

일본의 경우 지구온난화와 동일본대지진에 따른 원자력발전소 사고 이후, 빌딩과 가정에서 녹색 커튼이라는 이름으로 여주를 심게 되었습니다.

햇볕을 차단하는 효과가 확실하다는 점에서 시청과 학교 등 공공시설에서도 여주를 심는 작업이 추진되고 있습니다.

여주는 만려지(蔓荔枝)나 고야라고도 불립니다. 중국명은 '쿠과(苦瓜)' 또는 '량과(涼瓜)'라고도 씁니다. '량과'라는 이름에서 알 수 있듯

BALSAMPEAR

PIMENTO

이 몸에 담긴 열을 식혀 주므로 여름을 타지 않게 하는 야채로 알려져 있습니다.

여주에 풍부하게 함유되어 있는 비타민 C 는 열에 잘 파괴되지 않는다는 특징이 있습니다. 비타민 C는 면역기능을 높여 피로해소에 도움이 됩니다.

모모르디신(Momordicine) 등의 쓴맛 성분은 식욕을 증진해 혈당치를 안정시키는 등의 작용이 있습니다.

● '여주 가츠오부시' 만드는 법을 알려드 립니다. 여주를 둘로 쪼개서 씨를 제거 하고 얇게 썹니다.
뜨거운 물에 살짝 데쳐 찬물에서 잔열 을 빼준 뒤 소쿠리에 건져 물기를 제거 한 다음 간장과 얇게 깎은 가츠오부시 를 듬뿍 넣어 줍니다. 매일 먹을 수 있는 간단한 반찬입니다.

● 여주참플에는 오키나와 고유의 섬 두부 를 이용합니다. 단단한 찌개용 두부를 이용할 경우에는 반모를 랩으로 씌우지 않고 2분 정도 전자레인지에 돌린 후, 물기를 제거합니다.

여주는 완전히 익으면 껍질이 노란색이 되 어 씨가 나옵니다. 씨는 가종피라고 불리는 새빨간 젤리와 같은 것으로 덮여 있습니다. 단맛이 있기 때문에 간식으로 먹는 지역도 있 습니다.

여주

여주와 돼지고기 된장 볶음

1 2

3

Ready

여주·소 1개, 얇게 썬 돼지고기 150g

녹말 2작은술(1큰술의 물로 갠다), 기름 1큰술

양념 A(생강 1조각을 갈고 간장 · 기름 각 1작은술)

양념 B(일본된장 · 술 각 1큰술, 간장 · 설탕 각 1작은술, 마늘 1/2 쪽을 간다)

에너지 268kcal

염분 1.9g

Make

1_ 돼지고기를 가늘게 썰어 양념 A를 넣은 후 물에 푼 녹 말을 섞는다.

2_ 여주를 세로로 반으로 자른 후, 숟가락으로 긁어 씨와 알맹이를 제거한다. 가로로 5mm 두께로 자른 후, 뜨 거운 물에 2분 정도 삶아서 물기를 제거한다.

3_ 프라이팬에 기름을 붓고 1을 볶은 후, 익으면 2를 넣 고 볶은 다음 양념 B를 골고루 뿌린다.

tip 여주의 쓴맛을 줄이려면 속을 깨끗이 파낸 후 소금을 뿌려 10분 정도 둔 다음 뜨거운 물에 데칩니다.

🫑 피망의 주요 영양성분

칼륨, 마그네슘, 인, 카로틴, 비타민 B_6 · C · E, 니아신, 엽산, 식이섬유
에너지 : 22kcal/100g
비타민 C가 많은데, 빨간 피망에는 170mg/100g, 초록 피망에는 76mg/100g이 함유되어 있다.
냄새의 성분은 피라딘으로 혈전 예방 효과가 있다.

🫖 여주의 주요 영양성분

칼륨, 칼슘, 마그네슘, 카로틴, 비타민 C, 식이섬유
에너지 : 17kcal/100g
쓴맛의 성분은 플라보노이드의 일종인 쿠쿠르비타신류인 모모르디신과 차란틴으로 위액분비를 촉진하고, 간 기능을 높여 주며, 혈당치를 낮추는 등의 효과가 있다.
비타민 C가 많으며 76mg/100g이 함유되어 있다.

구츠구츠 Cooking tip!

여주를 반으로 잘라 속을 파낼 때 보면 속 안에 꼭 스펀지 같은 것이 가득 들어 있습니다. 이 속살은 무척 쓴맛을 내기 때문에 과육의 경계선까지 깨끗하게 파내는 것이 좋습니다. 여주는 너무 오랫동안 조리하지 않도록 합니다. 아삭한 식감이 사라져 맛이 떨어진답니다.

대사증후군인 사람에게 추천

[가지]

가지는 기름을 얼마나 흡수할까요? 흡수 시험을 해 봤습니다.

프라이팬에 기름을 붓고 100g짜리 가지 1개를 둘로 나눠서 구웠더니 큰 스푼 3개 분량의 기름을 금방 흡수해 버렸습니다.

뭐니 뭐니 해도 기름은 칼로리가 높아서 주의하고 있습니다. 그래서 구운 가지나 찜, 야채 절임 등으로 만들어 소박한 맛을 즐기는 것도 좋습니다.

가지의 보라색은 나스닌이라는 색소로 폴리페놀과 같은 부류입니다. 나스닌은 물에 녹기 때문에 음식을 끓일 때 쓰면 그 색이 흘러나옵니다. 처음 혼자 살 때 가지 된장국을 만들었는데 뜨거운 물이 보라색으로 변해 깜짝 놀랐습니다. 착색료가 사용된 가지가 아닐까 싶어 엄마에게 편지를 쓴 기억이 있습니다.

이렇게 가지를 보라색으로 만드는 폴리페놀 등에는 암세포를 죽이는 효과가 있다고 알

한국에선
신라시대부터
먹었대요

가지는 몸의 열을 식히고 혈액을 원활하게 하며
통증을 멈추고 부종에 효과가 있다고 합니다.

려져 있습니다.

한방에서는 가지를 가자(茄子)라고 합니다. 가지는 몸의 열을 식히고 혈액을 원활하게 하며 통증을 멈춰 주고 부종에 효과가 있다고 합니다. 따라서 고혈압으로 피가 머리로 치솟는 이른바 대사증후군이 있는 사람에게 좋은 식재료입니다.

가지에는 함께 먹은 식품의 콜레스테롤과 결합하여 콜레스테롤이 흡수되는 것을 방지하는 작용이 있다고 합니다.

여름에
먹어요

● 구운 가지는 잇몸이 부었을 때나 구내염에 효과가 있습니다. 완전히 익은 가지를 꼭지나 껍질이 붙어 있는 채로 알루미늄 박지에 싸서 새까맣게 될 때까지 구운 후, 곱게 가루로 만들어 잇몸을 마사지하거나 환부에 바릅니다.

'가을 가지는 며느리에게 먹이지 말라'라는 속담이 있는데, 이 속담에는 다양한 해석이 있습니다.

가을이 되면 가지의 몸이 단단해지고 껍질이 얇아져 맛있어지므로 며느리를 구박하여 먹이고 싶지 않다는 의미가 하나 있습니다.

또 하나는 과식하여 몸이 차가워지면 큰일이라는 의미에서 며느리를 배려하는 마음이 이 속담에 담겨 있다고 합니다. 여기서 며느리는 쥐를 의미한다는 설도 있습니다. 가지는

E G G P L A N T

전 세계 가정에서 요리해 먹습니다.

● 큼직한 가지를 세로로 굵게 잘라 올리 브유로 살짝 굽습니다. 여기에 피자용 치즈를 얹어서 오븐에 구우면 이탈리아 식 요리가 됩니다.

● 가지와 토마토 조림, 가지가 들어간 카 레, 마파 두부 대신 마파 가지 등은 어 떨까요? 육류와 궁합이 잘 맞아서 다 진 고기와 볶아도 맛있게 드실 수 있 습니다.

● 가지, 오이를 둥글게 잘라서 소금에 버 무린 후 5~6분 지나면 물기를 제거하 고 연겨자와 간장으로 맛을 낸 뒤 양하 를 뿌리면 간단한 야채 절임이 됩니다.

가지

가지 남방

Ready

가지 3개, 양파 반 개
당근 4cm, 오이 1개
기름 2큰술
양념(생강 · 식초 각 1/3컵, 맛술 · 술 · 물 각 1/4컵, 설탕 2큰술, 참기름 1작은술, 두반장 1작은술, 라유 2~3방울)

Make

1_양념의 재료를 섞어서 한 번 부글부글 끓여 식힌 후, 플라스틱 용기 등에 넣는다.

2_양파는 가로로 얇게 써는데, 양파 냄새가 싫다면 물에 살짝 헹구어 소쿠리에 건져 물기를 제거한다.

3_당근은 껍질을 벗겨 채를 썬다. 오이도 채를 썬다.

4_가지는 세로로 둘로 자른 후, 껍질에 격자 모양의 칼집을 내어 4cm 정도로 자른다.

5_프라이팬에 기름을 붓고 가지를 구워 1에 넣고, 그 위에 2와 3을 포개서 잠기게 한 뒤 하룻밤 이상 둔다.

tip 냉장고에 5일 정도는 보관할 수 있다.

🍆 가지의 주요 영양성분

칼륨, 칼슘, 마그네슘, 비타민 K, 엽산, 식이섬유
에너지 : 22kcal/100g
나스닌은 껍질에 함유된 안토시아닌계의 색소로 폴리페놀의 일종이
다. 콜레스테롤의 산화를 막으며 노화나 암을 방지하는 작용이 있다.
떫은맛의 성분은 클로로겐산으로 폴리페놀의 일종이다. 항산화 작용
과 노화방지 작용이 있다.

구츠구츠
Cooking tip!

간장과 식초가 베이스인 절임액에 야채를 듬뿍 채 썰어 넣은 소스를 남방 소스라고 합니다. 보통 굽거
나 튀긴 재료를 남방 소스에 담가 재워 맛이 배이게 한 후에 먹는데, 바로 먹을 때는 튀긴 생선이나 닭고
기 등을 함께 30분에서 1시간 정도 재웠다가 먹으면 됩니다.

더위 극복

[오크라와 동아]

"오, 이게 오크라꽃이야!" 오크라꽃을 본 적이 있나요? 마치 하이비스커스처럼 꽃은 노란색이며 아침에 피어서 오후에 시들어 버립니다. 열매는 꽃이 핀 후 4~5일이면 수확할 수 있습니다.

창이 하늘을 찌르는 듯한 모습으로 열매가 열리는 걸 봤을 때는 놀랐습니다. 오크라는 '레이디스 핑거'라고도 불립니다. 점잖 빼는 숙녀의 손가락을 상상해 보세요. 왠지 모르게 수긍이 가는군요.

오크라는 낫토나 참마와 함께 대표적인 '세 가지 끈적거리는 식품' 중 하나입니다. 오크라는 미끈거리고 끈적거리는 것이 특징으로 더운 여름을 극복하기에 좋은 건강야채입니다.

튀기거나
장아찌로도
먹어요

오크라는 미끈거리고 끈적거리는 것이 특징으로
더운 여름을 극복하기에 좋은 건강야채입니다.

끈적거리는 원료는 식이섬유의 하나인 펙틴으로 정장 작용이 있습니다.

펙틴에는 혈중 콜레스테롤과 혈압을 낮추는 작용 등이 있다고 합니다. 또한 끈적거리는 원료인 뮤틴에는 단백질의 흡수를 돕는 작용과 위 점막의 보호, 그리고 정장 작용 등이 있습니다.

그 외에 카로틴, 비타민 $B_1 \cdot B_2 \cdot C$, 칼슘, 마그네슘, 칼륨 등의 영양소가 함유되어 있습니다.

● 오크라 표면의 털을 제거하려면 소금을 뿌려 숨을 죽입니다. 구멍이 나지 않도록 유의하며 공기를 빼는 칼집을 조금 내어 1분 정도 삶은 후, 찬물로 식힙니다.
얇고 둥글게 썰어 저으면 점액이 나와서 독특한 맛이 납니다. 조린 생선이나 구운 생선에 이 야채를 살짝 삶거나 구워 곁들이기도 합니다.

동아는 여름 야채입니다. 한자로 '동과(冬瓜)'로 쓰는 이유는 무엇일까요?

익으면 겨울까지 보관할 수 있기 때문입니다. 덧붙여 말하면 '과(瓜)'가 붙는 야채에는 오이(胡瓜), 여주(苦瓜), 호박(南瓜) 등이 있습니다.

동아가 익으면 껍질에 하얀 가루가 묻습니다. 크기도 엄청나서 중량이 10kg 이상 되는 것도 있습니다. 저칼로리이므로 다이어트 식재료로도 주목을 받고 있습니다.

한방에서는 옛날부터 머리로 피가 솟거나 여름을 타거나 목의 갈증이나 당뇨병 등에 이용되어 왔습니다. 부종이나 방광염 등에 사용된 기록도 보입니다.

WHITE GOURD

OKRA

● 세로로 둘로 나누어 씨를 제거하고 껍
질을 두껍게 벗겨내 살짝 데친 후 오코
노미야키, 카레, 수프 등에 이용합니다.
맛이 담백하므로 돼지고기, 닭고기, 게,
말린 새우 등을 기호에 맞게 넣고 팔보
채처럼 조리하면 맛있습니다.

동아의 씨는 동과자(冬瓜子), 동과인(冬瓜仁)
등으로 불리며 한약의 재료로 쓰입니다. 이뇨
작용과 기침을 멎게 하고 가래를 없애는 작용
이 있습니다. 배농 작용이 있으므로 한방에서
는 자주 맹장염 처방에 배합하고 있습니다.

동아

마파 동아

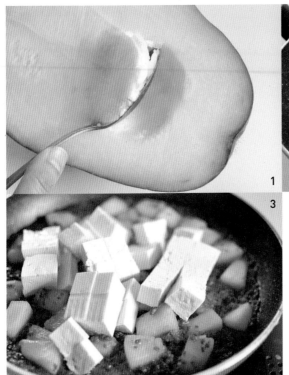

1
2
3

🥄 Ready

두부 2/3모, 동아 두부와 같은 양
저민 돼지고기 100g, 파 반 개
생강 1조각, 마늘 1쪽, 기름 1큰술
양념(된장 · 술 각 2작은술, 간장 1큰술, 설탕 1작은술, 물 1/2컵, 두
반장 1작은술, 고추기름 조금)
녹말 1작은술(2작은술의 물로 갠다)

에너지 293kcal
염분 2.4g

🥄 Make

1_동아는 씨를 제거하고 두껍게 껍질을 벗긴 후, 네모나
게 1.5cm 크기로 썰어 2분 정도 삶는다. 두부는 물기
를 제거하고 네모나게 1.5cm 크기로 썬다.

2_파 · 생강 · 마늘은 잘게 썰어 기름으로 볶은 후 저민
고기를 넣고 다시 볶는다. 여기에 동아를 넣고 더 볶
는다.

3_양념과 두부, 2를 잘 섞어 조린다. 물에 푼 녹말로
걸쭉하게 농도를 맞춘다.

🍽 오크라의 주요 영양성분

칼륨, 칼슘, 마그네슘, 인, 카로틴, 비타민 B_1 · B_2 · K, 엽산, 식이섬유
에너지 : 30kcal/100g
끈적거리는 성분인 펙틴과 뮤틴은 수용성 식이섬유로 정장효과가 있고 혈당치의 상승을 방지하며 콜레스테롤의 흡수를 억제하는 작용이 있다.

🍴 동아의 주요 영양성분

칼륨, 칼슘, 엽산, 비타민 C
에너지 : 16kcal/100g
칼륨에는 이뇨 작용이 있어 고혈압 예방이나 부종 방지에 도움이 된다.
과육에 함유된 사포닌에는 암 예방 효과와 다이어트 효과 등이 있다.

구츠구츠
Cooking tip!

동아는 실생활에서 그렇게 익숙하지 않은 식재료이기는 합니다. 동아는 날로는 먹을 수 없기 때문에 반드시 조리해야 하는데 된장찌개나 국 등에 넣어 드셔도 좋답니다.

여름의 피로를 풀어준다

[당근과 감잎]

맛있는 당근주스는 어떠세요? 벌써 20년 정도 전의 일이지만, 당근주스를 마신 이후로 아들의 코피가 멎었고, 딸의 목 부기가 가라앉았으며, 제 손발이 따뜻해지는 신기한 체험을 했습니다.

친구에게도 권했더니 '시력이 회복되고, 장운동이 활발해지고, 피곤함이 없어지고, 피부가 고와지고, 감기에 잘 걸리지 않게 되었다'는 좋은 소식을 듣게 되었습니다.

적즙으로 불리는 당근주스는 피로를 풀어 주는 스태미나 음료입니다. 1인당 마시는 양은 150~300mL입니다.

한방 책에도 주스로 해서 마신 기록이 있습니다. 정말로 당근은 '이익은 있으나 손해는

비타민 A가
시력을
좋게 해요

당근에는 철분이나 칼슘 등의 미네랄 외에 비타민 B₁ · B₂ · C, 엽산 등 많은 비타민이 함유되어 있습니다.

없다'는 평가를 받고 있습니다.

당근에 함유된 대표적 성분인 베타카로틴이 암에 효과가 있지 않을까 실험을 하였습니다. 대답은 '아니요'입니다. 단일 성분의 실험에서는 부정적인 결과가 나오는 경우가 많습니다. 야채나 과일은 단일 성분보다는 여러 가지 성분이 함유되어 있는 것이 좋을지도 모르겠습니다.

당근에는 철분이나 칼슘 등의 미네랄 외에 비타민 B₁ · B₂ · C, 엽산 등 많은 비타민이 함유되어 있습니다.

● 당근명란 무침은 당근을 잘게 썰어 기름으로 볶은 후 불을 끄고, 속을 긁어낸 명란을 잔열로 익혀 가면서 섞습니다. 소금, 후추 또는 술과 간장으로 조금 맛을 내도 맛있게 드실 수 있습니다.

● 당근을 필러 등으로 얇게 깎아 소금을 조금 뿌려서 물기를 제거한 후 드레싱을 뿌려 먹는 것도 색다르게 먹는 방법입니다.

● 비타민 C를 섭취할 거라면 감잎차를 권해드립니다. 80~100℃의 뜨거운 물을 부어 10~15분 정도 기다렸다 차 대신 마시면 좋습니다. 피로해소와 기침, 목의 통증이 멎는 등의 효과를 기대할 수 있습니다.
감잎에는 비타민 C 이외에 폴리페놀의 일종인 아스트라가린이 함유되어 있습니다. 항알레르기 작용이 있어 꽃가루 알레르기에 효과가 있습니다.

● 감잎차 만드는 법을 알려드립니다. 6~10

PERSIMMON LEAF

CARROT

월경에 오전 11시~오후 1시경 어린잎을
따면 가장 좋다고 전해지고 있습니다.
딴 잎은 2~3일 그늘에서 말린 후 3분간
쪄서 소쿠리에 펼칩니다. 그리고 다시
그늘에 말린 후 가늘게 자릅니다. 찌게
되면 예쁜 녹색을 보존하고 비타민 C의
산화를 방지할 수 있습니다.

감잎은
뜨거운 물에도
비타민 C가
잘 파괴되지
않아요

당근주스

1   2

3

Ready

당근 2~3개, 사과 1/2개
레몬(있으면) 1/3~1/4개

에너지 99kcal

염분 0.1g

비고 2인분
주서기로 갈아 천으로 거르지 않은 경우

Make

① 주서기를 사용할 경우

1_당근은 잘 씻어 껍질을 벗긴 후 적당한 크기로 자른다.

2_사과는 심을 잘라내고 적당한 크기로 자른다.

3_레몬, 당근, 사과를 주서기로 돌린다.

② 믹서기를 사용할 경우

물이나 사과주스를 약간 넣고 잘게 썬 레몬, 당근, 사과를 넣어 믹서기를 돌린다. 마시기 힘들면 천으로 거른다.

tip 무농약 재배면 잘 씻은 후 껍질을 벗기지 않는다. 사과가 적은 계절에는 사과의 양을 줄여도 좋다.

칼륨, 칼슘, 철, 아연, 카로틴, 비타민 B₁ · B₂ · B₆, 엽산, 식이섬유

에너지 : 37kcal/100g

서양 당근에는 오렌지색의 베타카로틴이 많다. 면역력을 높이고 암 예방 효과가 있다고 한다.

동양계 당근에는 적색색소인 리코핀이 함유되어 있다.

감잎의 주요 영양성분

칼륨, 비타민 C

아스트라가린은 폴리페놀의 일종으로 항산화, 항알레르기 작용이 있다.

항산화 작용이 있는 비타민 C는 1,000mg/100g 정도 함유되어 있다고 한다. 미용이나 감기, 고혈압 예방에 효과가 있다.

구츠구츠 Cooking tip!

본래 당근은 껍질과 속살 사이에 영양이 가장 많다고 합니다. 껍질을 깨끗하게 씻어 그대로 갈아드시면 더욱 많은 영양분을 섭취할 수 있습니다. 주스를 만들고 남은 당근은 팬케이크나 당근 케이크 등에 사용해도 좋고 프라이팬에 기름을 두르고 볶다가 잔멸치와 밥을 넣고 볶음밥으로 활용해도 좋습니다.

혈관의 노화 방지

[마늘]

2010년 상하이만국박람회장에서는 경비에 임하는 경찰관에게 "출근 전에 마늘 등을 먹으면 안 된다"고 하는 마늘 금지령이 내려졌다고 합니다. 입 냄새가 예절에 어긋난다는 건데, 1인당 마늘 소비량은 어느 정도일까요? 중국과 한국은 일본의 20~30배라고 합니다.

일본에는 《고사기(古事記)》에 마늘 기록이 있는데, 식양생(食養生)이라는 체질에 따라 영양을 고려한 식사를 하거나 절제하는 식습관에서 불교에서는 '오훈채(五葷菜)'를 먹으면 안 되는 야채로 정하고 있었습니다. 고대 그리스에서도 마늘 냄새를 싫어해서 마늘을 먹은 사람은 신전 출입이 금지되었다고 합니다.

마늘 냄새의 원료는 알리신으로, 피로해소에 도움이 되는 비타민 B_1이 장에서 흡수되는 것을 돕습니다. 돼지고기, 콩류, 뱀장어 등은 비타민 B_1을 많이 함유하므로 마늘과 함께 먹

공복에는
드시지
마세요

마늘을 먹으면 전립선암, 위암, 대장암 등을
예방할 수 있다는 연구 결과가 나와 있습니다.

으면 좋은 식재료가 됩니다.

마늘은 미국 국립암연구소가 발표한 항암 효과를 기대할 수 있는 식품의 선두에 있는 야채입니다. 마늘을 먹으면 전립선암, 위암, 대장암 등을 예방할 수 있다는 연구 결과가 나와 있습니다.

독일에선 혈중지방을 낮추고 혈관의 노화를 방지하는 작용이 있다 하여 마늘제제를 치료목적으로 사용하는 것이 인정되고 있습니다. 냄새가 강한 가츠오(다랑어)를 이용한 생선요리에는 마늘, 생강, 파 등의 양념이 잘 맞습니다.

양념에는 생선의 비린내를 없앤다는 의미도 있지만, 식중독 예방효과도 기대되고 있습니다. 이렇게 좋은 음식은 더 많이 먹고 싶은 것이 사실인데, 과식하면 위장 상태가 나빠지거나 빈혈이 생긴다는 보고도 있습니다. 한방

책에도 '많이 먹으면 사람의 핏기가 사라진다'는 기록이 있는데, 이 기록에서 빈혈이 생긴다는 사실을 알 수 있습니다. 마늘을 과다섭취할 경우 비타민 등을 만드는 유익한 장내 세균까지 억제되기 때문입니다.

매일 계속 생으로 먹을 경우에는 소량을 먹는 편이 좋을 것 같습니다. 하지만 가열하면 많이 먹어도 상관없습니다.

또한 마늘은 와파린, 아스피린 등 혈액응고와 관련된 약의 작용을 강하게 할 우려가 있으므로 이러한 약을 복용 중인 분은 마늘을 삼가 주세요.

● 마늘 간장절임은 만들어 두면 편리합니다. 간장에 얇은 껍질을 벗긴 마늘을 절이기만 하면 됩니다. 간장을 끓이거나 간장과 술을 2 대 1로 배합한 후 마늘을

G A R L I C

절이면 오래 보관할 수 있습니다. 간장은 조미료로 사용할 수 있고, 마늘도 잘게 썰어 양념이나 볶은 음식에 넣기도 합니다.

● 마늘을 올리브유로 절인 것은 마늘 향이 기름에 배어 향을 즐길 수 있으므로, 가열하지 않고 드레싱 등에 이용하면 좋습니다.

● 마늘은 감자나 베이컨과 궁합이 잘 맞아서 볶음 요리로 만들면 향이 좋은 일품요리가 됩니다.
마늘 5쪽을 껍질을 벗겨 반으로 잘라 준비합니다. 올리브유 2큰술에 마늘을 넣고 불에 올려 저온으로 볶은 후, 5mm 두께로 자른 감자를 나란히 펼쳐 올린 다음 노릇노릇해질 때까지 천천히 굽습

니다.
감자가 익으면 남은 기름을 키친타월로 닦아낸 후, 1cm 폭으로 자른 베이컨을 넣고 볶아 소금, 후추로 맛을 조절합니다. 음식을 쟁반에 보기 좋게 담고 잘게 썬 파슬리나 송송 썬 쪽파를 얹습니다.

마늘

마늘 토스트

식빵(도톰한) 2장, 올리브유 2큰술

마늘 1쪽, 버터 2cm

말린 파슬리 적당량, 파마산 치즈 적당량

에너지 431kcal

염분 1.2g

Make

1_ 식빵 2장을 가로로 둘로 잘라서 4장으로 만든다.

2_ 올리브유를 평평한 접시에 담는다.

3_ 마늘의 절반은 갈고 절반은 잘게 썬다. 파슬리도 잘게 썬다. 2에 넣어 섞은 후 접시 전체로 퍼지게 한다.

4_ 버터는 5mm 두께로 4조각으로 자른다.

5_ 식빵의 단면을 3에 적셔 4를 한가운데 얹고 치즈가루를 뿌린 후, 오븐토스터기 등으로 노릇노릇해질 때까지 굽는다.

tip 두껍게 썬 바게트로 만들어도 좋다.

☞ 마늘의 주요 영양성분

칼륨, 인, 비타민 B_1 · B_2 · B_6, 엽산, 식이섬유
에너지 : 134kcal/100g
매운맛 성분인 알리신(황화아릴)은 몸 안에서 비타민 B_1
과 결합하여 피로를 풀어 주는 효과가 있다.

구츠구츠
Cooking tip!

담백한 마늘 토스트지만 시판되는 마늘 토스트에 익숙하신 분이라면 올리브유 소스에 설탕을 1작은술
잘 섞어서 조리하면 늘 드시던 맛을 즐기실 수 있답니다.

혈당치가 걱정인 분에게

[대두와 참마]

건강검진에서 난생처음 허리둘레를 측정하면서 자연스레 배를 안으로 집어넣는 자신을 보며 기분이 좀 이상해졌습니다.

검진에서 당뇨병 예비군이라는 말을 들으신 분도 많지 않을까요? 걷는 운동 등을 하고 계시나요? 저는 한 달에 1~2회 동네 산을 걷고 있습니다.

식사를 하면 혈당치가 올라가는데, 식재료에 따라 갑자기 혈당치가 높아지는 것과 낮아지는 것이 있습니다. 이상적인 식사란 이것을 잘 조합해 안정된 혈당치로 만드는 것을 말합니다.

동서를 불문하고 전통적 요리에는 혈당치를 안정시키는 좋은 배합이 숨겨져 있습니다. 대두는 탄수화물의 소화와 흡수를 느리게 하여 식후의 혈당치를 안정시키는 데 가장 좋은

산에 있는
약이라고
불려요

대두는 탄수화물의 소화와 흡수를 느리게 하여
식후의 혈당치를 안정시키는 데 가장 좋은 식재료입니다.

식재료입니다.

1,500년 전의 한방 책에는 대두를 당뇨병 치료에 이용한 기록이 있습니다.

지금은 대두를 먹으면 장에서 신호가 와서 혈당치를 낮추는 호르몬인 인슐린의 분비가 좋아진다는 것과, 대두 중에 함유된 크롬이 인슐린의 작용에 관계한다는 사실을 알게 되었습니다.

● 콩절임 만드는 법을 알려드립니다. 냄비에 물로 씻은 대두 100g, 물 3컵, 소금 1/2 작은술을 넣고 하루 정도 재웁니다. 재운 콩은 그대로 중간 불로 30분에서 1시간 정도 끓입니다. 끓이는 동안 물이 적어지면 물을 더 붓습니다. 알맞게 익으면 대두를 소쿠리에 건진 후, 간장 1큰술, 맛술·술·식초 각 2큰술을 넣고 한 번 부글부글 끓여 식혀 둔 양념장에 절입니다.

● 대두를 통째로 섭취하려면 콩가루가 편리합니다. 콩가루엿은 콩가루 80g, 흑설탕 80g, 볶은 참깨(검정) 15g, 소금을 조금 준비합니다.
냄비에 물 3큰술, 흑설탕, 소금을 조금 넣고 불에 올려 설탕이 녹으면 불을 끕니다.
콩가루 40g과 참깨를 넣고 잘 갭니다. 그리고 남은 콩가루를 넣고 더 반죽한 후, 막대 상태로 펼쳐 부엌칼로 먹기 좋은 크기로 자릅니다. 간식이나 외출할 때 함께 가져가 드시면 좋습니다.

참마에는 소화불량, 식욕부진, 기침, 가래,

S O Y B E A N

빈뇨 등을 완화하는 작용 외에 다리와 허리를 튼튼하게 하고 갈증을 푸는 등의 작용이 한방책에 기록되어 있습니다. 끈적거리는 성분에는 혈당치를 낮추는 작용이 있다고 합니다.

- 마시멜로처럼 폭신폭신한 식감의 국은 어떠세요? 다시마와 가츠오부시로 약간 진하게 다시를 우려냅니다. 우려낸 다시 300mL, 술·맛술 각 1/2작은술, 간장 1작은술, 소금 적당량을 넣고 가만히 끓이다가 끓어오르기 시작하면 강판에 간 참마를 한 숟가락씩 떠서 냄비에 넣고 한 번 더 끓여 동동 떠오르면 그릇에 담아 김가루를 뿌립니다.
참마를 사용할 때는 달걀흰자를 섞으면 더욱 부풀어 오른답니다.

막자사발에 가츠오부시 다시, 달걀노른자를 넣고 껍질 벗긴 마를 막대 대신 빙빙 돌려 갈아 주면, 맛있는 마즙이 완성됩니다.

대두

참마

참마 돼지고기 롤

1 2

3

Ready

참마 6cm, 돼지고기(삼겹살 얇게 썬 것) 6장 약 100g
밀가루 1작은술
우메보시(일본식 전통 매실 장아찌—옮긴이) 1개
소금 · 후추 조금
양념(간장 · 맛술 각 2작은술, 레몬즙 1작은술)

에너지 246kcal
염분 2.2g

Make

1_참마의 껍질을 벗겨 1cm 두께로 자른 후 내열 접시에 나란히 놓고 랩을 씌워 전자레인지로 1분 30초 가열한다.

2_돼지고기의 한쪽 면에 소금과 후추를 뿌린 후 밀가루를 묻혀 1을 돌돌 만다.

3_프라이팬을 달궈 2를 양면으로 구워 고기가 익으면 접시에 보기 좋게 담는다.

4_우메보시의 씨를 제거하고 칼로 잘게 다져 페이스트로 만든 후 양념과 함께 섞은 뒤 2에 얹는다.

🍵 대두의 주요 영양성분

단백질 35.3g, 지질 19.0g, 칼륨 1,900mg, 칼슘 240mg, 철 9.4mg, 비타민 B₁ · B₂ · E, 식이섬유 17.1g
에너지 : 417kcal/100g
대두 레시틴은 콜레스테롤의 상승을 억제한다.
대두 사포닌에는 항산화 작용이 있다.
대두 이소플라본은 갱년기 장애 개선에 도움이 된다.

🍵 참마의 주요 영양성분

칼륨 430mg/100g, 비타민 B₁, 판토텐산, 식이섬유
에너지 : 65kcal/100g
미끈거리는 성분인 뮤틴은 단백질의 소화흡수를 돕는다. 자양강장 작용이 있다. 미끈거리는 성분인 디오스코란에는 혈당강하 작용이 있다.

구츠구츠
Cooking tip!

참마에 고기를 말 때는 밀가루를 꼼꼼하게 뿌려 주지 않으면 고기를 굽는 과정에서 벗겨질 수 있습니다. 반드시 밀가루를 골고루, 특히 이음새 부분이 되는 가장자리에 골고루 뿌려 주세요. 과육이 부드러운 우메보시를 사용합니다.

몸을 따뜻하게 하고 허약 체질 개선

[단호박]

동지(冬至)에 단호박을 먹으면 뇌졸중과 감기 예방이 된다고 합니다. 단호박은 왜 동지가 되면 많이 출하될까요? 동지에 단호박이 갖는 의미는, 옛날에는 보존식으로 겨울의 영양 균형을 조절한 것 같습니다.

중남미가 원산지인 단호박이 전 세계에 퍼진 것은 콜럼버스의 '신대륙 발견(1492년)' 이후의 일입니다. 단호박과 동일하게 전 세계에 빠른 속도로 퍼진 것은 옥수수, 감자, 고추 등입니다.

호박은 크게 일본호박, 서양호박, 페포호박의 세 종류로 분류됩니다. 우리가 먹는 호박은 대부분 서양호박으로 단맛이 강해 여성에게 인기가 있습니다.

베타카로틴 덕분에 눈 건강에도 좋아요

호박에는 몸을 따뜻하게 하는 기능이 있어 냉증이나 허약체질을 개선한다고 합니다.

일본호박은 단맛이 적고 삶아도 뭉개지지 않으며, 간장과 궁합이 잘 맞아서 조림용으로 좋습니다. 페포계 호박(북아메리카가 원산지로 모양이 기이하고 다양한 색상을 띠는 것들도 많다–옮긴이)에는 스파게티 스쿼시나 주키니(호박류) 등이 포함됩니다.

호박에는 몸을 따뜻하게 하는 기능이 있어 냉증이나 허약체질을 개선한다고 합니다. 병으로 체력이 떨어졌을 때에는 자양강장의 묘약이 됩니다.

100g당 칼로리는 서양호박이 91kcal이고, 일본호박은 49kcal입니다. 서양호박의 칼로리는 감자나 토란보다 높고 옥수수와 거의 같아 주식 대용으로도 쓰이므로 당질의 지나친 섭취에는 주의합시다.

특히 서양호박에는 항산화 작용이 있는 베타카로틴이 아주 많이 함유되어 있습니다. 흡수된 베타카로틴은 비타민 A로 변합니다.

비타민 E나 C도 함유되어 있으므로, 그 상승효과로 혈류를 개선하고 피부가 거칠어지는 것을 방지합니다.

그 외에 비타민 $B_1 \cdot B_2$, 칼륨, 칼슘도 함유되어 있습니다.

● 단호박은 된장국에도 잘 어울립니다. 일본 야마나시현 사람에게 맛있는 음식이 무엇이냐고 물으면 '단호박 냄비우동'이라고 대답합니다.
가까이 있는 후지산을 바라보면서 단호박냄비우동을 먹는 것이 저희 집 정월 행사입니다. 단호박은 파스타 등의 면류나 빵과 궁합도 잘 맞아서 과자에도 이용됩니다.

SWEET PUMPKIN

- 단호박과 감자를 주사위 모양으로 썰어 잘 삶은 후 소금을 살짝 뿌려 먹으면 소화가 잘되어서 바로 힘이 나므로, 옛날에는 병을 앓은 후 자주 이용했습니다.

- 1개 중량이 500g 정도인 작은 단호박을 통째로 랩을 씌워 3분 정도 전자레인지에 돌려 부드럽게 한 후 가로로 반으로 잘라 씨를 제거하면, 용기 2개 분량이 됩니다.
  전체가 완전하게 익을 때까지 전자레인지로 가열한 뒤 그 안에 그라탱 재료를 넣어 오븐 등으로 구우면 훌륭한 손님 초대요리가 됩니다.

- 도시락 반찬은 주사위 모양으로 자른 후 랩을 씌워 전자레인지로 조리하는 것이 편리합니다.
  단호박 자체의 단맛으로도 맛있게 먹을 수 있지만, 여기에다 소금을 살짝 뿌리면 한층 단맛을 느낄 수 있습니다.

단호박 그라탱

1 2

3

Ready

단호박 1/4개, 양파 중 1개
만가닥 버섯 1/3팩, 베이컨 3장
밀가루 1큰술과 1/2, 우유 250mL
버터 10g, 일본된장 1작은술
후추 조금, 피자용 슬라이스 치즈 1장

에너지 465kcal
염분 1.5g

Make

1_ 단호박은 씨를 제거하고 랩으로 감싸 전자레인지로
4~5분 가열한 후, 한입 크기로 자른다.

2_ 양파는 얇게 썰고 만가닥 버섯은 손으로 먹기 좋게
찢어 준비하며, 베이컨은 1cm 폭으로 자른다.

3_ 프라이팬을 가열하여 버터를 녹인 후 2를 볶고 마지
막으로 1을 추가한다.

4_ 3에 밀가루를 뭉치지 않게 흩뿌려 우유를 조금씩 넣
으면서 약간 걸쭉해지면 일본된장을 넣어 골고루 섞
어 준 후, 후추를 뿌린다.

5_ 내열 접시에 4를 옮긴 후 피자 치즈를 얹어 오븐으로
노릇노릇해질 때까지 굽는다.

🍈 일본 단호박의 주요 영양성분

탄수화물 10.9g, 칼륨 400mg, 칼슘, 철, 비타민 A(베타카로틴 당량 730μg), 비타민 B₁ · B₂ · C, 식이섬유
에너지 : 49kcal/100g
베타카로틴과 비타민 C가 풍부해서 감기 예방에 도움이 된다.

🍈 서양 단호박의 주요 영양성분

탄수화물 20.6g, 칼륨 450mg, 칼슘, 철, 비타민 A(베타카로틴 당량 4,000μg), 비타민 B₁ · B₂ · C · E, 식이섬유
에너지 : 91kcal/100g
베타카로틴이 대단히 많으며, 비타민 C · E가 풍부하다. 탄수화물의 양이 많다.

구츠구츠
Cooking tip!

여기에서 사용되는 버섯은 느타리버섯 등 취향대로 바꿔서 조리하셔도 됩니다. 소스를 만드는 과정이 번거로운 분은 재료를 볶은 후에 시판용 베사멜 소스를 이용하세요. 단호박을 전자레인지에 가열하는 이유는 단호박이 단단해서 부드럽게 하려는 것입니다.

옛날부터 '묘약'

[포도와 감]

자, 세계에서 생산량이 가장 많은 과일은 무엇일까요? 정답은 포도입니다. 그리고 와인 생산량이 가장 많은 나라는 이탈리아입니다. 와인의 소비가 많은 곳은 심장병 사망률이 낮다고 합니다.

붉은 와인에 함유된 폴리페놀의 항산화 작용이 주목을 받아 한때 가게에서 붉은 와인이 동이 난 적도 있었습니다. 붉은 와인은 일본 의약품의 규격기준서인 일본약국방(日本藥局方)에 '포도주'라는 이름으로 실려 있는 의약품이기도 합니다.

적포도주와 소량의 식용염산과 시럽을 넣고 물로 희석한 약을 식욕증진제로 식전에 마십니다. 이것은 병원 등에서 의사가 처방하는 약입니다.

포도 과즙으로 만든 포도식초는 몸에 좋은 알칼리 식품이에요

포도 단맛의 원료는 포도당과 과당입니다. 공복 시에 포도를
먹으면 흡수가 빨라 바로 힘이 납니다.

포도 단맛의 원료는 포도당과 과당입니다. 공복에 포도를 먹으면 흡수가 빨라 바로 힘이 납니다.

포도의 열매에는 주석산과 구연산 등의 유기산이 많아 피로를 풀어줍니다. 그 외에 칼륨이 많고 나트륨이 적어 이뇨 작용이 있습니다. 따라서 부종을 개선하고 높은 혈압을 낮추는 효과도 기대할 수 있습니다.

건포도에는 미네랄이 풍부합니다. 특히 철분이 많아서 빈혈기가 있는 분에게 적합합니다.

등산을 할 때에는 건포도를 휴대하면 편리합니다. 당분이 많기 때문에 혈당치가 빨리 올라가고, 산미가 피로를 풀어 주기 때문입니다.

포도

G R A P E

PERSIMMON

감은 빠르면 9월경부터 출하되기 시작합니다. 어린 시절 정원에 감나무가 있었는데, 떫은 감이라 꼭지 부분을 소주에 적셔 비닐봉투에 넣은 뒤 떫은맛이 없어지길 기다리곤 했습니다. 그리고 "이제 먹을 때가 됐나?" 하고 먹어 보면 떫은맛이 남아 있는 경우가 있었습니다.

요즘에는 '떫다'는 의미를 잘 모르는 아이들이 많아서 '맵다'거나 '아프다'고 표현한다고 합니다. 그런 의미에서 떫은 감을 직접 체험하는 바른 식생활 교육까지 하게 되었습니다.

감은 생으로 먹거나 말려 먹거나 감식초의 원료로 씁니다. 중국에서는 감의 뿌리, 열매, 나무껍질, 꼭지, 잎 그리고 곶감의 하얀 가루도 한약의 재료로 쓰입니다.

감은 숙취의 묘약입니다. 그러므로 술을 마시기 전이나 술을 마신 아침에 감을 먹으면 좋습니다. 왜냐하면 타닌이라는 성분이 알코올을 빨리 분해해 주기 때문입니다.

또한 비타민 C도 많이 들어 있어서 간장의 해독 작용을 돕습니다.

곶감 초절임은 곶감을 가늘게 채 썰어서 무와 당근으로 만든 초무침과 섞어 주기만 하면 됩니다. 말려 딱딱해진 감은 녹차나 맑은 엽차를 부어 부드럽게 합니다. 청주에 담가 하룻밤 묵혀 둬도 부드러워집니다.

한국·중국·일본이 원산지예요

과일 요구르트 무침

Ready

연근 1/4개, 감 1개
포도 적당량, 사과 1/4개, 슬라이스 햄 2장
양념(플레인 요구르트 3큰술, 마요네즈 1큰술)
식초 · 소금 조금

에너지 192kcal
염분 0.7g

Make

1_연근은 껍질을 벗긴 후 세로로 6조각으로 잘라 2mm 정도로 얇게 썬다.

2_뜨거운 물에 식초를 조금 넣고 연근을 1분 정도 삶아서 물로 씻어 미끈거리는 점액을 헹궈 낸 다음, 물기를 닦고 소금을 조금 뿌린다.

3_포도는 껍질을 벗기고 사과는 얇게 썬다. 감은 씨를 제거하고 네모나게 1cm 크기로 썰고, 햄은 가로 세로 1cm 크기로 썬다. 양념으로 2와 3을 버무린다.

tip 제철 과일이라면 뭐든지 OK!

🍇 포도의 주요 영양성분

탄수화물 15.7g, 칼륨 130mg, 카로틴, 비타민 B₁
에너지 : 59kcal/100g
껍질과 씨에는 항산화 작용이 강한 폴리페놀이 많다.
붉은 색소는 안토시아닌계의 레스베라트롤로 폴리페놀
의 일종이다. 암 예방 효과와 미용 효과 등이 있다.

🍵 감의 주요 영양성분

탄수화물 15.9g, 망간 0.50mg, 카로틴, 엽산, 비타민 C,
식이섬유
에너지 : 60kcal/100g
카로틴과 같은 부류인 베타크립톡산틴을 함유하고 있
어, 비타민 C와 상승 효과로 암 예방 효과가 기대된다.

구츠구츠
Cooking tip!

재료는 제철 과일, 야채 또는 말린 과일, 햄이나 맛살 등 좋아하는 재료 혹은 집에 있는 재료로 만들어
드셔도 된답니다.

쓴맛과 향, 빈혈 예방

[유채꽃과 참나물]

정월 수선화 향 감도는 일본 치바현의 보소반도로 나가봤습니다. 보소반도에는 산 일대에 수선화와 유채꽃 핀 곳이 몇 군데 있어 등산하는 친구와 함께 자주 가곤 합니다.

농가 아저씨가 "우리 집에서 수확한 귤을 먹고 가게나"라고 말을 건넵니다. 귤을 배불리 먹은 뒤 "유채꽃과 브로콜리를 따고 싶어요"라고 하자 바구니와 칼을 빌려주었습니다.

바구니에 가득 담은 유채꽃은 일본에서 한 바구니당 100엔 정도 합니다.

따뜻한 분들의 마음에 감싸여 다 가지고 오지도 못할 만큼 많은 선물을 안고 돌아왔습니다.

카놀라유는
튀김요리에
좋아요

유채꽃이라고 하면 유채 기름을 따는 유채가 생각나지만, 요즘에는 서양겨자의 유채 꽃밭이 많아지고 있다고 합니다.

식용으로 쓰이는 유채꽃은 재래종인 유채나 서

유채꽃에는 철분, 엽산, 비타민 C 등이 많아서
빈혈 예방에 좋습니다.

양겨자 외에 신종도 출하되고 있습니다. 꽃봉오리와 줄기, 겨드랑이눈(액아)을 먹습니다.

유채꽃에는 철분, 엽산, 비타민 C 등이 많아서 빈혈 예방에 좋습니다. 어깨가 결리거나 자주 피곤하거나 숨이 차는 것도 빈혈 증상인 경우가 적지 않습니다. 특히 여성 중에는 빈혈로 고민하는 분이 많은데, 4~6명 중에 1명의 비율로 빈혈을 가지고 있다고 합니다.

유채꽃에는 칼슘과 카로틴, 식이섬유가 많은 것도 특징입니다.

독특한 쓴맛과 향을 즐기려면 소금을 조금 넣은 뜨거운 물에 살짝 데친 후, 물로 씻어 아삭아삭하게 합니다. 겨자 무침, 달걀부침, 그라탱, 볶은 음식, 튀김 등도 맛있게 드실 수 있

유채밭

RAPE FLOWER

CHAMNAMUL

습니다.

상쾌한 향과 신선한 녹색의 참나물은 일본의 국물요리에는 빠뜨릴 수 없습니다.

뿌리가 달려 있는 참나물의 제철은 봄이며 뿌리를 잘라 판매하는 참나물은 겨울에, 실처럼 가느다란 미츠바(파드득나물)는 계절에 상관없이 구입할 수 있습니다.

참나물의 뿌리는 땅에 심으면 며칠 만에 새싹이 나오므로 화분에 심어두고 사용하고 싶네요. 수확량은 매우 적지만 양념과 고명으로 쓰기엔 충분한 양입니다.

마을 산을 걷다보면 가끔 참나물을 보곤 합니다. 살짝 꺾어 보면 좋은 향이 주변에 화악 퍼집니다.

이 향의 원료는 정유입니다. 정유에는 기분을 상쾌하게 하고 위장의 기능을 활발하게 하는 작용이 있습니다.

● 감기에 걸렸다 싶으면 맑은 다시에 강판에 간 생강과 잘게 썬 참나물을 넣고 마신 후 몸을 따뜻하게 하고 쉬면 발한이나 해열에 도움이 됩니다.
몸을 따뜻하게 하는 작용도 있으므로 냉증이 있으신 분에게 권해드립니다.

참나물

유채꽃 치라시 스시

1 2

3

Ready

쌀 2컵, 유채꽃 1/2단
달걀 2개, 오이 1/2개
삶은 문어, 새우, 연어알, 참치 등 적당량
양념(식초 3큰술, 설탕 2큰술, 소금 1작은술)
다시용 다시마 네모나게 3cm 크기로
참깨 2큰술
그 외(기름, 설탕, 소금, 간장, 연겨자 적당량)

에너지 429kcal
염분 1.8g

Make

1_밥솥 밑에 다시마를 깔고 물을 조금 적게 붓고 밥을 한다.

2_넓은 쟁반에 밥을 담고 양념을 섞어 식힌다.

3_유채꽃은 씻어 반으로 자른 후, 랩을 씌워 전자레인지로 1분 정도 가열한다. 그리고 3cm 길이로 잘라 연겨자와 간장으로 양념을 한다.

4_잘 저은 달걀에 설탕과 소금을 적당량 넣고 말면서 1cm 두께의 달걀부침을 만들어 주사위 모양으로 자른다.

5_문어, 참치, 오이는 네모지게 1cm 길이의 주사위 모양으로 자르고, 삶은 새우는 1cm 길이로 자른다.

6_그릇에 2를 담은 후, 참깨와 연어알, 3, 4, 5를 뿌린다.

🍱 유채꽃의 주요 영양성분

· 칼륨, 칼슘 97mg, 마그네슘, 철, 카로틴, 엽산, 비타민 C
110mg, 식이섬유
에너지 : 35kcal/100g
비타민 C와 칼슘이 아주 많다.
매운맛 성분인 알릴 이소티오시아네이트, 베타카로틴과
의 상승 작용으로 암 예방 효과가 높아진다.

🍵 참나물의 주요 영양성분

칼륨 500mg, 칼슘 52mg, 인 64mg, 철 1.8mg, 망간
0.42mg, 카로틴, 비타민 B$_2$ · C · K, 엽산, 식이섬유
에너지 : 20kcal/100g
향은 식욕증진과 진정 작용이 있다.

구츠구츠
Cooking tip!

치라시 스시는 기본 초밥만 완성된다면 위에 올리는 재료는 취향에 따라 자유롭게 변형하셔도 됩니다.
좋아하는 해산물을 생으로(횟감의 경우에만) 또는 데쳐서 넣고, 야채도 뭐든지 좋습니다. 먹을 때는 와
사비(고추냉이)를 곁들여 간장을 조금씩 뿌려 먹습니다.

기침을 멈추게 하는 작용

[머위와 크레송]

  히노에마타 가부키(음악과 무용, 기예가 어우러진 일본의 전통 연극–옮긴이)를 감상하기 위해 오제의 입구에 있는 후쿠시마현 히노에마타 마을에 간 것은 지진이 일어나기 1년 전의 일이었습니다.

  가부키를 본 다음 날 오제미이케로 향하는데 길가에 머위의 어린 꽃줄기가 고개를 내밀고 있었습니다. 눈으로 된 이불을 뒤집어쓰고 있는 모습이 왜 그리 늠름해 보일까요?

  머위의 어린 꽃줄기에 있는 솜털이 둥둥 날아다닐 무렵이 되면 머위가 쑥쑥 자랍니다. 그러면 뿌리를 꺾어 채집하여 일찌감치 떫은맛을 제거합니다. 떫은맛은 폴리페놀인데, 너무 떫은맛은 제거하고 적당한 단맛과 쓴맛을 남깁니다.

  머위의 떫은맛을 제거하기 위해서는 소금을 듬뿍 뿌려 문지른 후 삶아서 물에 씻으면 됩

머위는 가을이
제철이에요

한방 책을 보면 머위에는 기침을 멎게 하고 가래를 없애는 효능이 있다고 기록되어 있습니다.

니다. 소금에 절여도 떫은맛을 제거할 수 있습니다. 가게에 진열되어 있는 재배품종에는 떫은맛을 제거할 필요가 없는 것도 있습니다.

한방 책을 보면 머위에는 기침을 멎게 하고 가래를 없애는 효능이 있다고 기록되어 있습니다.

지금은 그것이 정유나 사포닌의 작용에 따른 것이라는 사실을 알고 있습니다.

쓴맛 성분에는 소화를 돕고 위를 튼튼하게 하는 작용이 있습니다. 또한 등푸른 생선과 함께 조리면 독을 없앤다고 전해지고 있습니다.

● 머위를 볶은 다음 조리기 위해 머위 10개, 당근 작은 것 1개, 표고버섯 3장, 튀긴 두부 1장, 곤약 작은 것 1모, 닭고기 150g을 준비합니다.

① 껍질을 벗기고 삶은 머위를 4cm 길이로 자릅니다.

② 당근, 표고버섯, 두껍게 튀긴 두부, 곤약, 닭고기를 한 입 크기로 자릅니다.

③ 내열 용기에 닭고기를 넣고 간장 3큰술과 설탕 2큰술로 밑간을 합니다.

④ ③에 당근과 표고버섯을 넣고 랩을 씌운 후, 3분 정도 전자레인지에 돌립니다.

⑤ 프라이팬에 기름 1큰술을 넣고 데운 후 ①을 볶다가 ④와 두껍게 튀긴 두부와 곤약을 추가하여 볶은 뒤, 국물이 없어질 때까지 바짝 조립니다.

어묵, 유부, 언두부 등과 조려도 맛있게 드실 수 있습니다.

크레송도 봄의 맛을 내는 야채입니다. 요즘에는 여기저기 물가에서 자라는 모습을 봅

CRESSON

BUTTERBUR

니다. 크레송은 프랑스어이며, 영어로는 워터 크레스(Watercress)라고 합니다(우리나라에서는 물 냉이라고 부르기도 합니다–옮긴이). 미나리를 닮은 것처럼 보이지만 유채과 식물입니다. 유럽이나 중국에서는 원래 약초로 쓰였습니다.

시니그린이라는 신맛 성분이 들어 있어 식욕을 증진하는 작용이 있습니다. 카로틴, 비타민 B군·C 외에 철, 칼슘, 인 등의 미네랄도 풍부합니다.

기침을 멎게 하고 이뇨, 빈혈예방, 변통을 좋게 하는 등의 작용이 있다고 합니다.

- 스테이크에 곁들이거나 샐러드, 나물, 참깨 무침, 와사비 무침, 튀김 외에 달걀찜 등에도 이용됩니다.

데친 후, 참치 통조림이나 연한 닭가슴살 등과 버무려 폰즈로 먹으면 좋습니다. 마요네즈, 참깨, 간장과 궁합도 잘 맞아서 다양하게 즐기면서 조절할 수 있습니다.

크레송의 참깨 겨자 무침은 겨자 무침에 볶은 참깨를 손가락으로 으깨면서 뿌려 버무립니다. 돼지 샤부샤부에도 크레송을 듬뿍 넣고 드시면 좋습니다. 물로 재배한 샐러드 크레송은 부드러우며 생식용으로 만들어졌습니다. 요즘에는 새싹으로도 나오고 있습니다.

머위

크레송과 돼지고기 수프

Ready

돼지고기 삼겹살 얇게 썬 것 약 100g

크레송 1/2단, 죽순 50g

달걀 1개, 물 2컵

양념(고형 콘소메 1조각, 간장 · 술 각 1작은술, 후추 조금)

에너지 255kcal

염분 1.7g

Make

1_돼지고기는 가늘게 썰고 죽순은 얇게 썬다.

2_크레송은 3cm 길이로 자른다.

3_물을 끓여 1을 넣는다.

4_돼지고기가 익어 색이 변하면 양념과 2를 넣고 끓기 시작할 때 달걀을 잘 풀어 뭉치지 않도록 깔끔하게 줄 알을 친다.

머위의 주요 영양성분

나트륨, 칼륨, 칼슘, 인, 아연, 망간, 비타민 B_2 · C, 엽산, 식이섬유
에너지 : 11kcal/100g
떫은맛의 성분은 주로 폴리페놀이다. 비타민 등은 적다.

크레송의 주요 영양성분

나트륨, 칼륨, 칼슘, 인, 철, 비타민 A(베타카로틴 당량 2,700 ㎍), 비타민 K 190㎍, 비타민 B_1 · B_2 · B_6 · C, 식이섬유
에너지 : 15kcal/100g
매운맛의 성분은 시니그린으로 식욕증진과 소화촉진을 하며, 속쓰림 등을 방지한다.
비타민 K를 많이 함유하고 있다.

구츠구츠
Cooking tip!

달걀을 풀어 넣을 때는 불이 너무 세면 달걀이 다 풀어지고 거품이 부글부글 생겨 국물이 지저분하게 됩니다. 불을 가장 약하게 하여 달걀을 넣고 휘휘 젓지 말고 젓가락으로 한두 번 크게 천천히 저어 달걀이 익으면 불을 끕니다.

피로해소, 정력을 돋우다

[아스파라거스]

아스파라거스를 좋아하시나요? 친구가 보내준 아스파라거스는 부드럽고 향도 맛도 각별했습니다. 친척이 운영하는 재배농가에서 갓 도착해 그런지 역시 신선하네요.

어린 시절에는 아스파라거스라고 하면 통조림에 든 화이트 아스파라거스가 전부였는데, 크리스마스 등 특별한 행사에만 맛볼 수 있는 희귀한 식재료였습니다.

유럽의 봄은 화이트 아스파라거스가 맛있는 계절입니다. 제철은 3주밖에 되지 않는답니다. 브랜드가 있는 고급 화이트 아스파라거스는 유명한 레스토랑이 독점해 버립니다. 그래서 이 시기가 되면 레스토랑의 예약은 늘 만석이 될 정도입니다.

아스파라거스는 두 종류가 있습니다. 흙을 쌓고 햇볕을 차단하고 재배하여 하얗게 만든 화이트 아스파라거스와 햇볕을 쬐어 재배한 그린 아스파라거스입니다.

엽산이 풍부해 임산부에게 좋아요

아스파라거스는 소변이 나오는 것을 좋게 하고 부종을 제거하는 등의 작용도 있어 고혈압 증상이 있는 분에게 적합합니다.

그린 아스파라거스의 영양은 매우 풍부한데, 카로틴, 비타민 B1·B2, E, 엽산, 철분, 칼슘 등이 함유되어 빈혈을 예방합니다.

아스파라거스는 스태미나의 야채라고도 불립니다. 왜냐하면 함유되어 있는 아스파라긴이 몸 안에서 아스파르트산으로 변화하여 신진대사를 촉진하고 단백질 합성을 높여 피로해소에 도움을 주기 때문입니다.

비타민의 판토텐산도 함유되어 있는데, 이것 또한 신진대사를 촉진합니다.

이삭 끝이나 줄기에는 모세혈관을 보호하고 혈류를 개선하는 루틴 등도 함유되어 있습니다.

아스파라거스는 소변이 나오는 것을 좋게 하고 부종을 제거하는 등의 작용도 있어 고혈압 증상이 있는 분에게 적합합니다. 식이섬유는 변통을 조절하여 장 속을 청소합니다.

뿌리가 딱딱할 경우에는 조리 기구의 하나인 필러로 껍질을 벗겨 밑에서 1cm 정도를 잘라 냅니다.

삶을 때는 뿌리를 뜨거운 물에 10초 정도, 전체는 1분 정도 삶아 소쿠리에 건져 식히거나 냉수로 식혀 변색되지 않게 합니다.

● 오븐토스터나 석쇠로 구우면 풍미가 좋아집니다. 마요네즈와 일본된장을 1~2:1의 비율로 섞은 '마요 된장'을 곁들여 보는 것은 어떨까요?

● 데쳐 먹거나 구워 먹을 수도 있고, 먹기 좋은 크기로 잘라 간장 1~2, 국물 1의 비율로 만든 절임액에 절여 얇게 깎은 후첨용 가츠오부시를 뿌려 먹는 방법도 있습니다.

ASPARAGUS

소금에 절인 다시마로 버무리기만 해도 맛있습니다.

- 아스파라거스의 나물은 가늘게 채 썰어 뜨거운 물로 20초 정도 데친 후, 식으면 간장, 고춧가루, 참기름 등으로 버무린 뒤 참깨를 뿌립니다.

- 어슷썰기한 아스파라거스를 버터로 볶아 간장으로 맛을 낸 후, 조금 더 볶다가 불을 끄면 향기로운 일품요리가 됩니다.

- 살짝 데친 후 베이컨과 고기를 말아 소금과 후추를 뿌려 프라이팬에 구우면, 도시락 반찬이 됩니다.

아스파라거스

아스파라거스 햄치즈 말이

1 2
3

Ready

아스파라거스 5줄기, 슬라이스 햄 5장
슬라이스 치즈 5장
양념(간장 1 큰술, 다시 2작은술)

에너지 208kcal
염분 2.5g

Make

1_ 아스파라거스의 단단한 끝부분을 잘라서 반으로 자른다. 석쇠를 달군 뒤 아스파라거스를 올려 굴리면서 굽는다.
2_ 접시 등의 그릇에 양념을 넣고 구운 아스파라거스를 재워둔다.
3_ 햄을 가로로 길게 놓은 후, 그 위에 슬라이스 치즈를 얹어 양념액의 수분을 제거한 2를 2개 얹고 돌돌 말아 두 군데를 이쑤시개로 고정한다.
4_ 한가운데를 비스듬하게 자른다.

🍵 아스파라거스의 주요 영양성분

칼륨, 인, 철, 아연, 카로틴, 비타민 B₁ · B₂ · C · K,
엽산, 식이섬유
에너지 : 22kcal/100g
아스파르트산은 신경이나 근육의 피로를 해소하는 데 도
움이 된다.

구츠구츠
Cooking tip!

각 가정에 있는 오븐토스터 또는 가스레인지에 함께 있는 그릴을 이용해도 좋습니다. 둘 다 구비되어
있지 않을 경우에는 프라이팬에 기름을 두르지 않은 상태에서 굴려 가면서 구워 주세요.

위장 상쾌, 봄의 향기

[죽순과 산초]

죽순 통조림의
흰 앙금은
티로신 때문에
생겨요

죽순의 계절이 되면 '햇것을 먹으면 수명이 75일 늘어난다'는 속담이 생각납니다. 저는 할머니에게서 "증조부는 햇것을 먹으면 수명이 늘어난다며 이걸 먹었다"고 들었습니다. 속설이라는 걸 알고는 있지만 햇것을 먹고 싶은 것이 당연한 게 아닐까요?

어린 시절에는 죽순 껍질에 우메보시를 끼워 삼각으로 접어 조금씩 짜먹으면서 어두워질 때까지 밖에서 놀곤 했습니다.

죽순은 봄의 향기와 감칠맛을 즐길 수 있는 식재료입니다. 감칠맛 성분에는 베타인 외에 티로신, 글루타민산 등 많은 아미노산류가 함유되어 있습니다.

삶은 죽순에서 나오는 하얀 결정이 티로신 (tyrosine)입니다. 감칠맛 성분이 들어 있으므로 씻지 않도록 합시다.

식이섬유가 많은 것도 특징으로 배변을 개

죽순은 갈증이나 숙취에 좋으며, 이뇨 작용이
있어 부종에 효과가 있고 메슥거림을 없애 주고 기력을
높이며, 가래나 열을 배출해 줍니다.

선합니다.

한방 책에는 죽순이 갈증이나 숙취에 좋으며, 이뇨 작용이 있어 부종에 효과가 있고 메슥거림을 없애 주고 기력을 높이며, 가래나 열을 배출해 준다고 기록되어 있습니다.

죽순은 신선도가 매우 중요합니다. 시간이 지나면 떫은맛의 주성분인 옥살산과 호모겐티스산 등이 증가해 아린 맛의 원료가 됩니다. 감칠맛의 원료인 티로신이 호모겐티스산으로 변해 버리기 때문입니다. 쌀겨나 쌀뜨물을 넣고 삶으면 떫은맛을 제거할 수 있습니다.

죽순은 삶은 후 죽순 무게의 20%의 소금으로 절이면 오래 보관할 수 있습니다. 또한 양념하여 맛을 낸 죽순은 냉동할 수 있습니다.

● 미역죽순 조림이라고 불리는 이름에서

도 알 수 있듯이 미역과의 궁합은 정평이 나 있습니다.

재첩과 함께 조린 요리는 간장의 해독 효과를 높입니다. 콜린 등의 성분이 있으므로 알레르기 체질인 분은 과식하지 않는 것이 좋습니다.

● 죽순 요리에는 산초나무의 순을 빼놓을 수 없습니다. 이것을 일본된장과 함께 갈아서 두부에 바른 뒤 구우면 기노메덴가쿠라는 일본의 전통 음식이 됩니다.

산초나무의 잎은 생선의 비린내를 없애 식욕을 돋웁니다. 잎을 보존하려면 비닐봉지에 넣어 냉동하거나 소금으로 절이는 방법이 있습니다.

CHINESE PEPPER

BAMBOO SPROUT

산초 열매의 껍질을 말린 것은 한약의 재료로서 배의 냉증이나 통증, 수술 후의 장폐색 예방 등에 이용되며, 정월에 마시면 사기(邪氣)를 물리치고 장수한다는 일곱 가지 약초를 넣어 우려낸 약주인 도소주에도 들어갑니다.

산초의 열매껍질 분말이 산초가루입니다. 산초가루는 일본의 장어요리에 꼭 들어가는 것으로 장어의 소화를 도와 속쓰림을 예방하는 데 도움이 됩니다. 약해진 위장의 기능도 조절합니다.

산초는 식탁의 조연 역할을 멋지게 해내는 향신료입니다. 산초를 먹으면 맵고 혀가 얼얼한 듯한 감각이 있습니다. 이 맛의 성분은 산초올입니다. 대뇌를 자극하여 호르몬의 분비와 내장의 기능을 활발히 하거나 발한을 촉진합니다.

산초나무가 개화한 직후 암술의 꽃을 모아 조림으로 만든 것은 산초나무의 진미입니다. 미숙한 푸른 과육은 산초 조림이나 잔멸치와 함께 조리는 산초잔멸치 조림 등을 만들면 좋습니다.

중국 산초나무의 열매인 화초(花椒)는 화지아오라고 불립니다. 산초나무와 같은 부류이지만, 종(種)이 다릅니다.

산초는 성질이 따뜻해요

죽순 산초 무침

1 2

3

╾ Ready

삶은 죽순(통조림) 150g, 오징어 150g
산초의 어린 잎 12장
양념 A(가츠오부시 다시 1/2컵, 설탕 · 간장 각 2작은술, 소금 적
당량)
양념 B(일본된장 3큰술, 가츠오부시 다시 3큰술, 설탕 1큰술)
소금 한 줌

에너지 162kcal

염분 3.1g

╾ Make

1_죽순은 약간 잘게 썰어 양념 A로 5분 정도 끓인다.
2_오징어는 표면에 5mm 간격으로 비스듬하게 격자 모
양으로 칼집을 낸 후 네모나게 2cm 길이로 자른 후,
소금 한 줌을 넣은 뜨거운 물에 살짝 데친다.
3_산초의 어린잎 10장은 대가 딱딱한 부분을 제외하고
잘게 썬다.
4_양념 B를 냄비에 넣어 약한 불로 잘 섞고, 식으면 3
을 섞는다.
5_물기를 제거한 1과 2를 4로 버무려 그릇에 담은 뒤 남
은 산초의 어린 잎으로 장식한다.

죽순의 주요 영양성분

칼륨 520mg/100g, 마그네슘, 인, 망간, 비타민 B
군 · C, 식이섬유
에너지 : 26kcal/100g
식이섬유가 2.8g/100g으로 많이 들어 있다.
아린 맛의 원료는 옥살산, 호모겐티스산 등이다.
감칠맛 성분은 티로신, 아스파르트산 등이다.

산초가루의 주요 영양성분

칼륨, 칼슘, 마그네슘, 인, 철, 구리, 카로틴, 비타민 B₂
에너지 : 375kcal/100g
매운맛 성분은 산초올로 식욕을 증진하고 위장의 기능
을 활발하게 한다.

구츠구츠
Cooking tip!

일본된장은 붉은 된장, 대두로 만든 된장 등 여러 종류가 있지만 주로 요리에서 설명되는 일본된장은
쌀로 만든 '시로미소'입니다.

오장에 활력

[순무]

저는 순무가 제철인 봄이 되면 할머니가 생각납니다. 처음으로 혼자 떨어져 살게 된 것을 걱정하여, 멀리서 할머니께서 절 만나러 오신 것입니다.

그때 순무 절임을 볼에 가득 만들어 주셨습니다. 40년이나 지난 일인데도 왠지 순무를 보면 눈시울이 뜨거워지네요.

순무는 배축이라는 부분이 굵어진 것으로, 뿌리는 끝에 붙어 있는 수염과 같은 부분이 며 꽃 색깔은 노란색입니다. 일본에는 80종류나 되는 순무 품종이 있는데 그중에는 각지 의 특산품도 있습니다.

순무에는 녹말을 분해하는 디아스타아제 등의 소화효소가 함유되어 있습니다. 순무를

순무는
강화도가
유명해요

한방 책에는 순무즙이 기침이나 목마름을 멎게 하거나 숙취를 빨리 낫게 하는 효능이 있다고 기록되어 있습니다.

간 즙이나 즉석 절임을 먹으면 속쓰림이 예방되고 식욕도 생깁니다.

순무는 옛날부터 냉증에 따른 복통에도 이용되어 왔습니다.

한방 책에는 순무즙이 기침이나 목마름을 멎게 하거나 숙취를 빨리 낫게 하는 효능이 있다고 기록되어 있습니다.

'입춘이 지나고 오는 봄에 순무 즙을 데워 온 가족이 마시면 유행성 질병이 예방된다'고 합니다. 순무 조림은 오장(五臟)의 기능을 좋게 하므로 오래 먹는 것이 좋다고 합니다.

순무는 녹황색 채소로 영양가가 매우 높습니다. 잎과 줄기에는 베타카로틴, 비타민 B군 · C · E 외에 칼륨, 칼슘, 철분도 함유되어 있어 암, 골다공증 등의 예방, 빈혈 개선에도 도움이 됩니다.

또한 식이섬유도 많아서 변비 개선에도 도움이 됩니다.

● 순무를 강판에 간 후 달걀흰자를 섞어 한입 크기로 썬 일본식 장어구이에다 표고버섯, 은행, 자른 찰떡 등을 재료로 하여 10분 정도 찐 뒤, 전분으로 걸쭉하게 만든 다시를 얹고 그 위에 고추냉이를 얹습니다.

● 순무를 얇게 썰어 소금으로 절인 후, 식초와 다시용 다시마를 넣은 조미액으로 다시 절이면 순무 무쌈용 무처럼 절임으로 즐길 수 있습니다.

● 순무의 줄기나 잎은 부드러워서 된장국의 건더기로 사용해도 좋습니다. 그리고 참기름으로 볶아 달콤 짭조름하게

T U R N I P

양념하면 밑반찬으로 준비해 놓을 수 있습니다.

● 순무 열매는 얇게 썰고 잎은 4cm로 썰어 유부와 새우 등을 함께 버터로 볶아 소금과 후추 또는 간장으로 맛을 내면 볼륨 있는 일품요리가 됩니다.

장기보관할 경우에는 잎을 순무의 위에서 잘라 따로 보관합니다. 잎은 가능한 한 빨리 먹는 게 좋습니다.

순무

순무와 생햄 카르파초

1 2

3

Ready

잎이 달린 순무 1~2개, 토마토 소 1개
생햄(혹은 베이컨) 80g
양념(마늘 1/2쪽, 양파 1/8을 얇게 썰고 올리브유 · 식초 각 1큰술,
레몬즙 · 간장 각 1작은술, 후추 조금)
소금 1작은술

에너지 189kcal
염분 2.1g

Make

1_순무는 껍질이 붙은 채로 슬라이서로 얇게 썬다.

2_토마토는 세로로 반을 자른 후 가로로 얇게 썬다.

3_순무 잎 1개 분량을 길이 2cm로 잘라서 소금을 뿌려
잘 주물러 절인 후, 10분 뒤 물기를 꼭 짜준다.

4_접시에 1을 나란히 펼쳐 놓은 후 2를 접시 가장자리에
놓고, 3을 접시 한가운데에 놓는다. 먹기 좋은 크기로
자른 생햄을 순무 위에 나란히 놓은 후 양념을 돌려가
며 얹는다.

tip 시판하는 카르파초 드레싱을 사용해도 좋다.

 순무의 주요 영양성분

나트륨, 칼륨 280mg/100g, 칼슘, 인, 철, 아연, 비타민
$B_1 \cdot B_2 \cdot C$, 엽산, 식이섬유
에너지 : 20kcal/100g
소화효소인 디아스타아제가 함유되어 있는데 효소는 가
열에 약하다. 매운맛 성분은 글루코시안산으로 암 예방
에 도움이 된다.

구츠구츠
Cooking tip!

순무를 구하기 힘들다면 무를 이용해도 좋습니다. 그 대신 무는 순무보다 수분을 많이 함유하고 있
기 때문에 감안하여 사용합니다. 생햄 대신 훈제 연어나 베이컨을 사용해도 맛있게 즐길 수 있습니다.

식이섬유 듬뿍, 겉모습도 선명함

[누에콩과 스노피]

누에콩의 껍질을 벗길 때마다 버리는 것이 많다는 생각이 듭니다. 폐기율은 약 70%. 콩은 풀솜으로 둘러싸여 소중히 보호되어 있습니다.

밭에서 완성시켜 건조한 콩은 콩자반이나 아마낫토라고 해서 콩을 달게 졸여 설탕에 버무린 과자의 원료가 됩니다.

야채로 먹는 누에콩은 덜 자란 콩입니다. 껍질에 있는 검은 선은 영양분을 받은 흔적입니다.

누에콩에는 단백질이 풍부하게 함유되어 있습니다. 또한 비타민 B군 · C · E 외에 칼륨, 철, 구리 등의 미네랄도 함유되어 있습니다.

7월이
제철이에요

누에콩이 심장병에 효과가 있다는 기록도 있지만 이것은 콩이 심장과 모양이 닮은 것에서 연상한 것 같습니다.

옛 기록을 보면 누에콩이 변비에 사용되었다는 기록이 있습니다. 식이섬유가 많기 때문에 납득이 갑니다.

누에콩이 심장병에 효과가 있다는 기록도 있지만 이것은 콩이 심장과 모양이 닮은 것에서 연상한 것 같습니다.

실제로는 레시틴이라는 성분이 동맥경화를 예방한다는 사실이 알려져 있습니다.

누에콩은 콩깍지에서 꺼내 공기와 닿으면 금방 딱딱해지므로 신선도가 생명입니다. 가능한 한 콩깍지가 달린 것을 구해 바로 삶도록 합시다.

냄비가 넘칠 정도의 뜨거운 물에 소금과 청주를 조금 넣고 2분 정도 삶습니다. 청주를 넣는 이유는 풋내를 줄여주기 때문입니다. 소쿠리에 건져 식힌 후 기호에 따라 소금을 뿌려도 좋습니다.

● 콩을 콩깍지째 구우면 각별한 맛이 납니다. 석쇠로 노릇노릇하게 구운 후, 불을 끄고 잔열로 5분 정도 더 익힌 뒤 껍질을 벗겨 소금으로 맛을 내어 먹으면 좋습니다.
기호에 따라서는 얇은 껍질을 드셔도 좋습니다.

또 하나, 스노피를 소개드리겠습니다. 스노피는 완두콩을 일찍 딴 것입니다.

녹황색 야채로 카로틴이 풍부하며 선명한 색을 살려 다양한 요리에 곁들일 때 많이 사용됩니다.

또한 비타민 B_1 · C, 칼륨, 칼슘, 식이섬유 등도 함유되어 있습니다.

● 기름으로 볶은 스노피에 술, 간장, 맛술

SNOW PEA

BROAD BEAN

로 맛을 내어 얇게 깎은 가츠오부시를 뿌려주면 간단한 일품요리가 됩니다. 스노피는 비닐봉지에 넣어 냉장고에서 1~2일 보관할 수 있습니다. 신선할 때 소금물로 삶아 냉동하면 3개월 정도 견딥니다.

누에콩

껍질째 먹어요

스노피 달걀찜

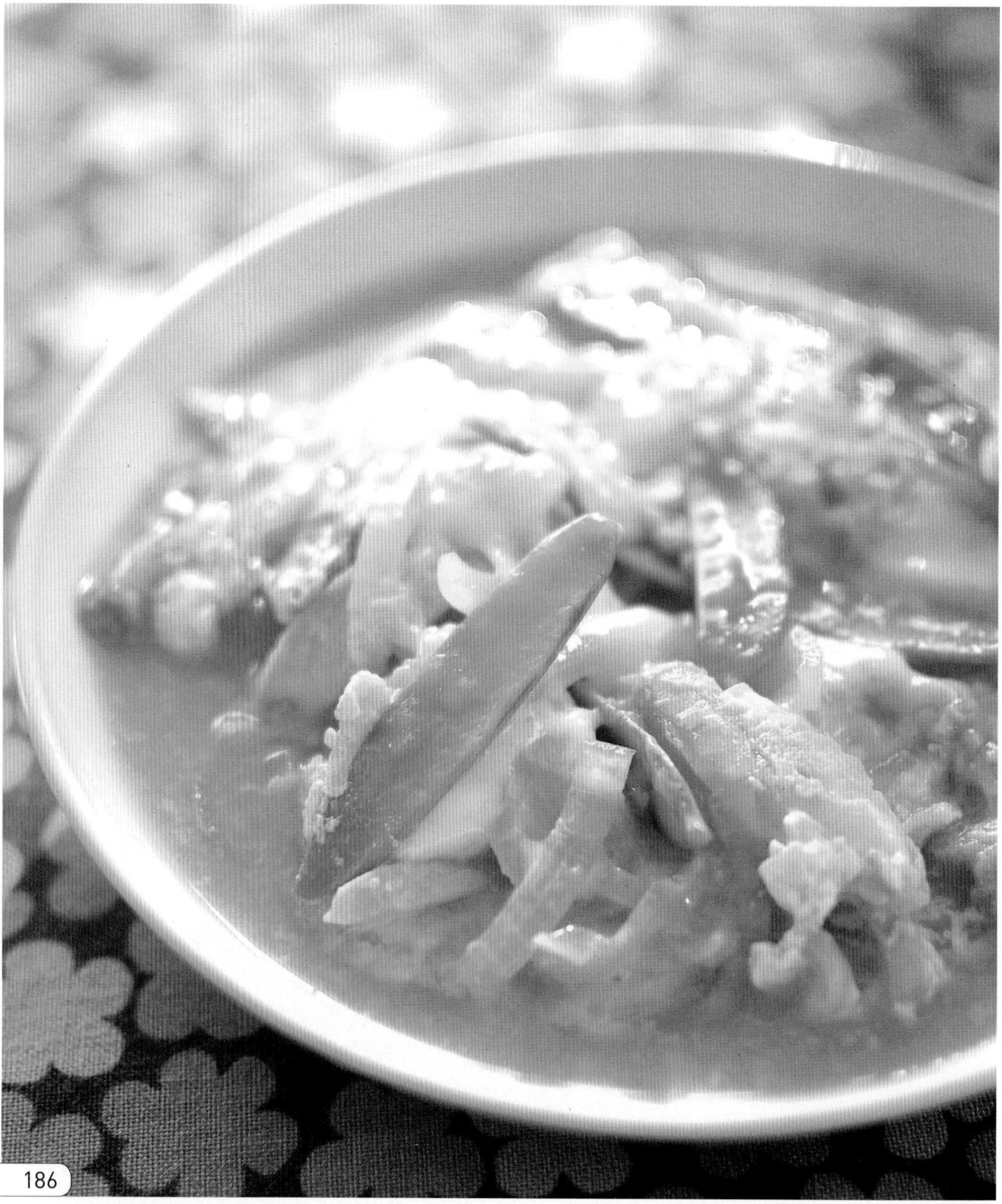

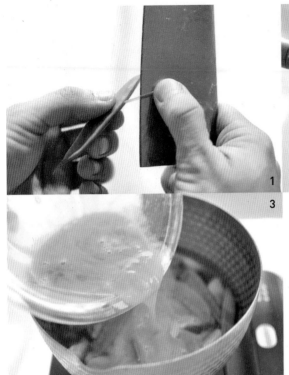

1 2

3

Ready

스노피 50g, 양파 소 1개
닭가슴살 100g, 달걀 3개
양념(다시마와 가츠오부시 다시 1컵, 간장·맛술 각 2작은술, 소금 1작은술)

에너지 271kcal

염분 3.3g

Make

1_스노피는 줄기를 제거하고 양파는 세로로 얇게 썰며, 닭가슴살은 한입 크기로 자른다. 달걀은 깨서 잘 젓는다.

2_냄비에 양념을 넣고 부글부글 끓인 후, 닭고기를 넣고 색이 변할 때까지 끓인다.

3_양파, 스노피를 넣고 뚜껑을 닫은 뒤 1분 정도 찌듯이 가열한다.

4_푼 달걀을 돌려가며 넣고 달걀이 익기 시작하면 뚜껑을 닫고 몇 초 더 끓여 반숙이 되면 불을 끈다.

tip 양념 대신 시판용 멘츠유를 묽게 사용해도 좋다.

단백질 10.9g/100g, 탄수화물 15.5g/100g, 칼륨 440mg/100g, 마그네슘, 인, 철, 아연, 구리, 망간, 비타민 B₁ · B₂ · Bc · C, 식이섬유

에너지 : 20kcal/100g

레시틴에는 혈전을 녹이고 콜레스테롤의 상승을 억제하는 등의 작용이 있다.

단백질 3.1g/100g, 탄수화물 7.5g/100g, 칼륨, 칼슘, 마그네슘, 인, 카로틴, 비타민 B₁, 니아신, 엽산, 비타민 C 60mg/100g, 식이섬유

에너지 : 36kcal/100g

필수 아미노산인 라이신을 함유하고 있다.

구츠구츠
Cooking tip!

멘츠유는 기본 가츠오부시 다시에 간장과 맛술, 설탕 등을 넣어 만든 일본의 맛국물을 뜻합니다. 집에서 만들어 사용하는 경우도 있고 인스턴트 멘츠유를 사용하기도 합니다. 한국에서는 가츠오부시 맛국물 등의 이름으로 판매되고 있습니다.

10개 이상 병에 효과

[어성초와 신선초]

어성초는 잎에서
생선비린내가
나요

어성초는 친근한 산야초입니다.

한국, 중국, 일본 등 동아시아에 자생하며 꽃은 5~8월경에 핍니다. 잎은 하트 모양으로, 하얀 꽃잎처럼 보이는 것은 총포(總苞)라는 잎의 일종이며 노랗게 일어서 있는 부분이 꽃입니다.

어느 날 보육원에서 다섯 살인 K양이 어성초를 넣은 비닐봉지를 내 코에 갖다 대었습니다. "대단한 냄새예요!"

K양의 새로운 발견이었습니다.

냄새의 원료는 데카노일 아세트알데히드와 라우릴알데히드라는 정유로, 항균 작용과 항바이러스 작용이 있습니다.

건조시켜 차로 마시면 냄새의 원료는 날아가 버려 한결 수월하게 마실 수 있습니다.

일본 의약품의 규격기준서인 일본약국방에서는 건조시킨 것을 '쥬야쿠(十藥)'라는 중국에서는 어성초를 습진이나 부스럼 등 다양한 피부 증상을 개선하기 위해 한방약에 넣어 이용하고 있습니다.

의약품으로 명명하고 있습니다.

10개 이상의 다양한 질병에 효과가 있다 하여 '쥬야쿠', 즉 열 가지 약이라는 의미로 부릅니다. 달여 먹으면 변비와 배뇨 이상, 변비로 인한 부스럼에 효과가 있다고 합니다.

중국에서는 어성초를 습진이나 부스럼 등 다양한 피부 증상을 개선하기 위해 한방약에 넣어 사용하고 있습니다.

베트남의 어성초는 일본 것만큼 냄새는 강하지 않지만, 스프링롤이나 샐러드에 쓰이므로 생선 요리에는 빼놓을 수 없습니다.

중국에서는 잎이나 줄기를 야채로 사용하는 지역도 있고, 뿌리를 야채로 사용하는 지역도 있습니다.

입욕제로도 쓰이고, 혈액순환을 개선하고 습진이나 여드름에 좋으며, 심신의 긴장을 풀어 주는 등의 효과가 알려져 있습니다.

어성초에는 놀랄 정도로 악취를 없애는 힘이 있습니다. 단무지를 비닐봉투에 넣은 후, 어성초의 잎을 찢어 곁들여 신문지 등으로 감싸면 냄새가 나지 않습니다.

말린 어성초는 냉장고나 화장실의 악취 제거제로 쓰입니다.

● 생것으로 튀김을 하면 떫은맛을 제거할 필요가 없습니다. 잎과 줄기는 삶은 후 하룻밤 물로 씻어 냄새를 제거한 다음 참깨 무침이나 초된장 무침 등을 만듭니다.

신선초는 '오늘 새 잎을 따도 내일이면 새 잎이 자란다'고 할 정도로 생명력이 넘치는 식물입니다.

이즈의 시키네섬에 갔을 때 민박집에서 준

HEART LEAF HOUTTUYNIA

SINSEONCHO

비해 준 많은 신선초 요리를 맛있게 먹은 적이 있습니다.

신선초는 이즈 외에 혼슈의 따뜻한 해안이나 보소반도, 미우라반도, 기이반도 등지에서 자라고 있습니다.

하치조섬에는 그 이름을 딴 '하치조나'라는 특산품이 있습니다. 어린 잎을 건조시킨 신선초는 옛날부터 차로 마셔왔습니다.

건조시킨 잎에 뜨거운 물을 붓거나 하루 20~30g을 달여 마십니다. 카로틴, 비타민 B군·C·E 외에 많은 미네랄이 함유되어 있습니다.

주목받고 있는 것은 노란 잎 속에 함유된 플라보노이드의 일종인 찰콘류입니다. 항균이나 항산화 작용, 종양세포의 증식 억제 효과가 있다고 알려져 있습니다.

● 신선초는 나물, 참깨 무침, 두부 무침, 참치 무침, 땅콩버터 무침 등을 만듭니다. 삶으면 쓴맛이 사라지며, 중국식 볶음 요리나 일본식 야채튀김 등에도 적합합니다.

신선초

어성초차

1_5~8월경, 꽃이 필 시기에 어성초의 줄기를 뿌리에서 꺾어 채취한다.

2_며칠 동안 음지에서 말려서 바싹 마르면 손으로 문질러 잘게 부순다.

3_캔 등에 넣어 보존한다.

마시는 법(1인분)

주전자로 달일 경우

말린 어성초 약 10~15g에 물 600~1,000mL를 주전자에 넣고 10~30분 정도 끓인다. 차 거르는 망에 걸러 하루 동안 마신다.

※ 끓일 때는 처음에 센 불, 끓기 직전에는 아주 약한 불로 한다.

찻주전자로 우려 낼 경우

말린 어성초 5g을 찻주전자에 넣고 뜨거운 물을 부은 후 5~10분 정도 지나면 찻잔에 부어 마신다.

어성초의 주요 영양성분

생 : 냄새의 원료인 데카노일아세트알데히드와 라우릴알데히드 등의 정유에는 항균 · 살균 작용과 소염 작용이 있다.

건조 : 플라본계(아제린, 이소쿠에르치트린, 쿠에르체틴, 피페린 등) 성분에는 이뇨, 혈관강화, 혈압조정 등의 효과가 있다.

신선초의 주요 영양성분

나트륨, 칼륨, 칼슘, 철, 망간, 비타민 A(베타카로틴 당량 5,300μg), 비타민 B1 · B2 · C · E · K, 엽산, 식이섬유

에너지 : 33kcal/100g

비타민 B2가 0.24mg/100g이나 함유되어 있어 피부, 손톱, 모발의 건강유지에 효과가 있다.

특유의 색소성분인 찰콘(chalcone)을 함유하고 있다.

양생의 선약, 연구 활발

[녹차]

녹차로
과일을 세척하면,
미생물까지 제거
할 수 있어요

근처 찻잎을 파는 점포 앞에 '가케가와시의 녹차 판매합니다'라는 벽보가 붙어 있었습니다. NHK 프로그램 중에서 암의 사망률이 낮은 도시로 가케가와시가 소개된 적이 있는데, 일본에서는 그때부터 차가 주목받기 시작했습니다.

찻잎은 몇천 년 전부터 이용되어 왔습니다. 일본에서는 12세기 말 처음으로 차나무가 재배되었는데, 에이사이 선사가 송나라에서 가져왔다고 전해지고 있습니다.

에이사이가 저술한 《끽다양생기(喫茶養生記)》에는 맛이 쓴 차는 심장 약이나 양생의 선약으로 장수할 수 있다고 기록되어 있습니다. 여기에서의 차는 가루차인 맛차(抹茶)를 말합니다.

지금처럼 녹차를 일본의 서민들이 마시게 된 것은 에도시대의 겐로쿠 무렵입니다.

그때까지는 질이 낮은 반차(番茶)를 마시고 있었습니다. 그래서 반차의 색이 '갈색'이었군요.

녹차에는 비타민 C · E가 풍부하며 카로틴과 떫은 성분인 타닌, 폴리페놀의 일종인 카테킨류 외에 카페인도 함유되어 있습니다.

영국의 과학지인 《네이처》에 1997년 '녹차로 암을 예방할 수 있는 이유'라는 기사가 실린 이후, 유럽과 미국에서도 녹차 붐이 일기도 했습니다.

녹차에는 비타민 C · E가 풍부하며 카로틴과 떫은 성분인 타닌, 폴리페놀의 일종인 카테킨류 외에 카페인도 함유되어 있습니다.

또한 감칠맛 성분인 테아닌은 긴장을 푸는

효과도 인정되고 있습니다. 물론 일본에서는 녹차 연구도 활발합니다.

'녹차를 하루 2잔 이상 마시는 사람은 주에 3잔 이하로 마시는 사람보다 인지장애의 발병률이 낮다'는 조사 보고도 있습니다.

또한 면역력을 높이고 항균 작용과 콜레스테롤을 낮추는 작용도 있습니다.

쥐 실험에서는 카페인에 따라 기억의

녹차밭

GREEN TEA

효율이 달라지는 구조가 있다고 보고되었습니다.

'체지방이 걱정되는 분에게'라는 카피로 차 폴리페놀과 차 카테킨을 성분으로 한 특정 건강식품이 자주 선전되고 있는데, 젊을 때부터 '식후에 차 한 잔'을 마시는 습관을 기르는 것이 좋다고 생각합니다.

'한담'이라는 말처럼 녹차를 마시면서 수다를 떠는 것은 치매 예방에도 좋다고 생각하는데 여러분은 어떻게 생각하시는지요?

차 찌꺼기에도 식이섬유를 비롯한 많은 영양 성분이 남아 있어 밥에 뿌려 먹으면 좋습니다.

또한 감기 예방을 위해 차 찌꺼기를 달여 양치질하는 것은 오랜 옛날부터 전해 오는 지혜이기도 합니다.

녹차 볶음밥

1

2

3

Ready

녹차 잎 1작은술, 우메보시 1개
밥 2공기, 파 1/2단, 달걀 2개
기름 1큰술과 1/2, 얇게 깎은 가츠오부시 1팩(3g)
소금 · 후추 · 간장 조금

에너지 422kcal

염분 2.3g

Make

1_ 그릇에 찻잎을 담아 미지근한 물 2작은술을 넣고 촉촉하게 불려 잘게 썬다.

2_ 파는 잘게 썰고, 우메보시는 씨를 제거한 후 잘게 다진다.

3_ 달걀을 깨어 잘 저은 후, 프라이팬에 기름 1/2큰술을 붓고 젓가락으로 휘저어가며 스크램블한 후 따로 덜어둔다.

4_ 같은 프라이팬에 기름 1큰술을 넣고 다진 파를 볶은 후, 밥과 매실장아찌를 넣고 볶는다.

5_ 골고루 볶아졌으면 1, 3을 넣고 소금 · 후추 · 간장으로 맛을 조절한 뒤, 얇게 썬 가츠오부시를 섞는다.

📝 녹차의 주요 영양성분

나트륨, 칼륨, 마그네슘, 인, 철, 망간, 비타민 B₂ · C · E,
엽산, 타닌, 카페인, 테아닌
에너지 : 2kcal/100g
떫은맛 성분은 카테킨류로 암 예방 효과가 기대된다.
감칠맛 성분은 L–테아닌으로 정신을 안정시킨다. 카페
인에는 중추신경을 흥분시키는 작용이 있다.

구츠구츠
Cooking tip!

사용되는 우메보시와 가츠오부시는 용도에 따라 몇 가지로 나뉘어 있습니다. 먼저 우메보시는 과육이
부드러운 것과 단단한 것이 있는데 어느 쪽을 사용해도 좋습니다. 단단한 우메보시는 잘게 다져 볶음
밥 등에 넣으면 아삭아삭한 식감을 즐길 수 있습니다. 가츠오부시는 크게 깎아낸 다시용 가츠오부시와
잘게 깎은 후첨용 가츠오부시가 있습니다. 어느 쪽을 사용해도 상관없지만, 그대로 먹는 가츠오부시는
잘게 깎은 후첨용 가츠오부시 쪽이 식감이 좋습니다.

짜증, 울분, 화를 다스리고 꽃가루 알레르기 대책

[민트와 세이지]

민트라고 하면 껌 등의 '화~' 하는 상쾌한 향기가 떠오르는데요. 이런 민트는 유라시아 대륙이 원산지로 세계적으로 페퍼민트(박하), 스피어민트(양박하), 쿨민트 등 수백 종이나 된다고 합니다.

'비에도 지지 않는'이라는 시(詩)로 지금도 많은 사람의 마음을 사로잡고 있는 미야자와 겐지도 스피어민트를 찾아 이와테의 야산을 걸어다녔다고 합니다.

일본 의약품의 규격기준서인 일본약국방에는 박하가 실려 있습니다. 민트는 한방 처방으로 배합되어 감기 초기의 발한이나 해열, 갱년기의 조바심, 피부의 가려움, 복부팽만 등에 이용됩니다.

시판되는 안약이나 가그린 등에는 민트의 정유성분인 멘톨(박하뇌)이 배합되어 있는 것도

잎사귀
한 장이 기분을
편안하게
해 주어요

민트는 한방 처방으로 배합되어 감기 초기의 발한이나 해열, 갱년기의 조바심, 피부의 가려움, 복부팽만 등에 이용됩니다.

있습니다.

1940년경 홋카이도 기타미 지방에서는 박하 재배가 활발해 세계 최대 산지가 되었습니다. 기타미시에는 그 당시 자료를 전시하는 시설이 있습니다.

'민트껌'은 꽃 알레르기 대책으로도 효과적입니다. '민트껌'이 꽃 알레르기에 좋은 이유는 정유성분인 멘톨 등이 알레르기 증상을 완화하며, 씹는 동작으로 구강 내의 온도가 높아져 코의 혈류를 개선하기 때문이라고 합니다.

페퍼민트에서 정유를 추출한 후에 버려지던 잎과 줄기 안에도 민트 폴리페놀이 남아 있어, 이것을 이용한 차도 꽃 알레르기에 효과가 있다고 합니다.

● 민트차는 시원하고 상쾌한 기분이 드는

허브차입니다. 티포트나 찻주전자 등에 티스푼 1~2개 분량의 건조시킨 민트를 넣고 뜨거운 물을 부은 후 5~15분간 뚜껑을 닫고 우려냅니다. 끓으면서 정유성분은 날아갑니다.

생잎은 아이스크림이나 홍차, 감귤류 등에 곁들여도 좋고, 고기나 생선 요리에 곁들여도 잘 맞습니다.

베트남에서는 달콤한 향의 카르본을 함유한 스피어민트계의 민트를 샐러드나 스프링롤, 무침, 면류 등에 대량으로 이용합니다.

서양요리의 향신료인 세이지는 5~7월경에 보라색 또는 흰색 꽃을 피우며, 7~8월에 잎을 채취하여 그늘진 곳에서 말립니다.

간, 돼지, 닭, 양 등의 육류에 냄새제거용

S A G E

M I N T

으로 사용되는 것 외에 고등어 등 등푸른 생선 요리에도 사용됩니다.

또한 민트는 면역 작용을 돕거나 이상발한을 억제한다고 알려져 있으며, 모유의 분비를 줄이려고 이유기 때 허브차로 마시는 경우도 있습니다.

보통 마시는 데에는 문제가 없지만, 임신 중이나 수유 중에는 정유나 알코올 추출물, 잎을 섭취하는 것은 피하는 편이 좋습니다.

민트

민트 스파게티

Ready

스파게티 160g, 마늘 1쪽
바지락(껍질 달린 것) 200g, 새우 8마리
화이트 와인 4큰술, 민트 잎 30장 정도
파마산 치즈 · 후추 · 소금 각 적당량
올리브유 2큰술

에너지 477kcal
염분 2.3g

Make

1_민트 잎의 절반과 마늘을 잘게 썬다.
2_약 2L의 물에 소금 1큰술을 넣고 끓인 후 스파게티를 삶는다.
3_프라이팬에 올리브유를 넣고 마늘을 볶다가 바지락과 와인을 넣는다. 바지락의 입이 벌어지면 껍질 벗긴 새우를 넣고 끓인다.
4_스파게티를 3에 넣고 잘게 썬 민트를 섞은 후, 후추를 뿌리고 스파게티 삶은 국물을 적당량 넣고 간을 맞춘다.
5_보기 좋게 담고 파마산 치즈를 뿌린 다음, 남은 민트 잎을 얹는다.

박하 : 정유는 모노테르펜류로 l-멘톨이 주성분이다. 멘톨은 평활근의 긴장을 억제해 복통 등이 잘 일어나지 않도록 한다. 진정, 살균, 가려움을 막는 작용도 한다.
페퍼민트 : 정유 1~2%(멘톨, 멘톤, 1-8시네올, 아세틸멘톨, α-피넨, 리모넨, 이소멘톤 등), 타닌, 플라보노이드류 등

탄수화물 66.9g/100g, 나트륨, 칼륨 1,600mg/100g, 칼슘 1,500mg/100g, 마그네슘, 인, 철, 망간, 카로틴, 비타민 B$_2$, 니아신 에너지 : 384kcal/100g
향의 성분은 정유로 투우존, 캄퍼-보르네올, 시네올 등이 있으며, 방부, 살균, 강장 작용과 혈액순환을 좋게 하고 정신을 안정시키는 작용도 있다.

**구츠구츠
Cooking tip!**

바지락은 반드시 해감된 것을 사용합니다. 해감된 바지락이 아니라면 옅은 소금물에 바지락을 넣고 모래를 토해내게 한 다음 조리합니다. 스파게티는 취향에 따라 다른 파스타를 사용해도 좋습니다.

저칼로리로 식이섬유 풍부

[주키니와 파슬리]

저는 드라마 〈겨울연가〉 이후 한국에 푹 빠져 역사 여행 등에 참가하고 있는데, 여행의 또 하나의 즐거움은 뭐니 뭐니 해도 먹거리가 아닐까 생각합니다. 한 번은 한국의 가을 여행 때 큰 불고기 냄비를 모두 빙 둘러앉아 먹은 적이 있습니다. 그때 불고기 안에는 애호박이 잔뜩 들어 있었습니다.

주키니(서양호박)를 처음 봤을 때는 매끄러운 오이라고 생각했습니다. 애호박과 주키니는 모두 페포호박으로 분류되어 있어 식감도 비슷합니다.

요즘에는 주키니로 한국요리를 즐기는 사람이 늘고 있습니다. 단맛이 있고 재료 자체의 맛이 너무 강하지 않은데다, 저칼로리(14kcal/100g)이기 때문입니다.

주키니
꽃 요리도
별미예요

주키니에 함유된 카로틴은 몸 속에 들어가서
비타민 A로 변합니다.

주키니에 함유된 카로틴은 몸 속에 들어가서 비타민 A로 변합니다.

카로틴은 점막을 튼튼하게 하고 감기 예방에 도움이 됩니다. 그리고 비타민 C에는 미용효과가 있으며 풍부한 식이섬유는 장 운동을 개선합니다.

주키니가 일본에 널리 보급된 것은 최근의 일이지만, 이탈리아나 프랑스 요리에서는 매우 인기 있는 식재료입니다.

'라타투이'는 남프랑스의 요리로 알려져 있는데, 주키니가 자주 이용됩니다.

또한 그라탱과 파스타, 카레 등을 다양하게 즐길 수 있으므로 많이 만들어 먹으면 좋습니다.

● 주키니는 5mm 두께로 둥글게 채를 썬 후, 밀가루를 묻혀 올리브유로 구워 소금을 솔솔 뿌리기만 해도 일품요리가 됩니다.

파슬리는 요리에 곁들이로 자주 이용되는데, 정유성분이 많아서 영양과 약효가 매우 뛰어난 야채입니다. 카로틴이 풍부하므로 편도선이 자주 붓는 사람이나 눈이 자주 피곤한 사람에게 권해드립니다.

비타민 B군과 C도 대단히 많고, 철분, 칼슘, 칼륨 등의 미네랄과 식이섬유도 매우 풍부합니다.

그렇다고는 해도 곁들이로나 샐러드로는 적은 양밖에 먹을 수 없습니다. 야채주스에 섞거나 파스타에 넣어 가능한 한 많이 먹으면 좋습니다.

잘게 다져 튀김옷을 만들 때 넣으면 색깔

PARSLEY

ZUCCHINI

도 예쁩니다. 수프로 만들 때는 너무 끓지 않도록 넣은 후에 바로 불을 끄도록 합시다.

　위생팩에 넣으면 냉장고에서 3~4일은 보관할 수 있습니다. 파슬리를 씻어 물기를 제거한 후 식품용 위생팩에 넣어 하룻밤 냉동한 뒤 봉투를 문지르면 잘게 부서져 보관하기 편리합니다.

화분을 이용하여 집에서 재배하면 필요한 때에 바로 쓸 수 있어 편리합니다.

주키니

파슬리

라타투이

🥄 Ready

마늘 2쪽, 양파 1개, 주키니 2개
가지 3개, 피망 2개, 셀러리 1개, 파프리카 1개
토마토 2개, 월계수 잎 1장, 화이트 와인 50mL
올리브유 2큰술, 소금 1/3작은술

에너지 131kcal
염분 0.5g

🍲 Make

1_마늘은 잘게 다지고 양파는 2cm 폭으로 썬다.

2_주키니는 1cm 폭의 반달썰기, 가지는 세로 줄무늬로
껍질을 벗긴 뒤 1cm 폭의 반달모양으로 썬다. 피망은
씨를 제거하고 한 입 크기로 썰고, 셀러리는 1cm 폭의
어슷썰기로 썬다.

3_토마토는 꼭지를 따고 껍질에 +자 자국을 넣어 뜨거
운 물로 10초 삶은 후, 껍질을 벗겨 네모나게 1cm 길
이로 자른다.

4_파프리카는 센 불로 석쇠에서 구워 새까맣게 되면 물
이 담긴 볼에 담가 껍질을 벗긴 후 씨를 제거하고 한
입 크기로 자른다.

5_냄비에 올리브유를 넣고 마늘, 양파를 태우지 않도록
5분간 볶는다.

6_5에 2, 3을 넣고 화이트 와인, 월계수 잎, 소금을 넣은
후 뚜껑을 닫고 15분 정도 찐다.

7_6에 4를 넣고 5분 정도 조린 후, 소금으로 맛을 조절
한다.

🥒 주키니의 주요 영양성분

단백질 1.3g/100g, 탄수화물 2.8g/100g, 칼륨, 칼슘, 마그네슘, 인, 철, 카로틴, 비타민 B₁ · B₂ · C, 니아신, 식이섬유

에너지 : 14kcal/100g

기름으로 조리하면 베타카로틴의 흡수율이 높아진다.

🍵 파슬리의 주요 영양성분

칼륨 1,000mg/100g, 마그네슘, 칼슘 290mg/100g, 철, 비타민 A(베타카로틴 당량 7,400µg/100g), 비타민 K 850 µg/100g, 비타민 B₁ · B₂ · C, 엽산, 식이섬유

에너지 : 44kcal/100g

향의 성분은 아피올로 위액의 분비를 촉진하여 식욕을 증진한다.

구츠구츠
Cooking tip!

토마토의 껍질은 굳이 데쳐서 벗기지 않아도 좋습니다. 파프리카도 토마토와 마찬가지로 표면의 얇은 껍질이 식감에 영향을 주기 때문에 굽는데, 크게 신경 쓰이지 않는다면 생략해도 좋습니다.

효소가 듬뿍 들어 있는 새싹

[숙주와 브로콜리 새싹]

녹두의
영양성분을
고스란히
간직하고
있어요

발아 야채, 새싹(스프라우트)이란 야채, 콩, 쌀, 보리 등의 종자를 물에 담가 발아시켜 성장시킨 것을 말합니다. 친숙한 콩나물과 무순 외에 브로콜리 새싹, 완두의 어린 싹과 줄기인 더우먀오, 앨팰퍼 등 여러 종류가 있습니다.

실내에서 생산하므로 방사능으로 인한 오염 걱정이 없는데다가 암 예방에도 좋다고 하여 주목을 받고 있습니다.

콩나물에는 세 종류가 있습니다. 녹두를 발아시킨 숙주와 검은 콩나물이 있습니다. 이것은 팥의 부류인 검은 녹두가 원재료로, 검은 콩으로 만든 콩나물이 아닙니다. 대두를 발아시킨 콩나물은 씹는 맛이 단단한 것이 특징으로, 콩의 감칠맛과 풍미가 있어서 한국요리나 냄비요리 등에 이용합니다.

중국의 옛날 한방 책에는 대두황권(大豆黃卷)이라는 항목이 있는데, 이것은 콩으로 만모든 콩나물에는 많은 효소류, 비타민 B · C군, 식이섬유, 단백질, 미네랄 등이 함유되어 있습니다.

든 콩나물을 말합니다. 이 콩나물을 건조시켜 한약의 재료로 썼습니다. 그리고 류마티스나 근육의 경련, 무릎의 통증 등에 이용하는 것 외에 산후의 회복이나 기미에도 좋아 산후의 부인약으로 많이 이용했다는 기록이 있습니다.

모든 콩나물에는 많은 효소류, 비타민 B · C군, 식이섬유, 단백질, 미네랄 등이 함유되어 있습니다. 또한 다이어트와 장운동의 개선, 미용 효과 등의 작용이 있습니다.

● 삶은 숙주를 플레인 요구르트, 마요네즈, 설탕, 후추로 버무리면 색다른 일품 요리가 됩니다.
브로콜리의 새싹은 무순같이 가늘고 긴 모양이 특징입니다.

여기에 함유되어 있는 설포라판이라는 성분이 화제입니다. 유채과에 함유된 매운 성분으로, 유황을 함유한 화합물입니다. 암 예방과 위염과 위궤양, 십이지장궤양 같은 질환을 유발하는 피로리균 감소에 효과가 있지 않나 해서 연구가 진행되고 있습니다.

발아 후 3일 정도 되면 설포라판의 양이 특별히 많다고 하여 '슈퍼 스프라우트(새싹)'라고 불립니다. 가열하지 않고 사용할 수 있어 효소류를 통째로 섭취할 수 있습니다.

● 브로콜리 새싹을 덮밥이나 고기, 생선 요리에 한 줌 곁들여 보는 것은 어떨까요?

BROCCOLI SPROUTS

BEAN SPROUTS

● 브로콜리 새싹 1팩과 참치 통조림 1캔,
마요네즈 2큰술과 간장·식초를 적당
량 넣고 버무리면 간단한 샐러드가 됩
니다.

숙주

황산화 비타민을
많이 가지고
있어요

삼색 나물

 1 2
 3

─◦ Ready

콩나물 1봉, 시금치 1/2단, 당근 소 1개
참기름 1작은술, 간장 1작은술, 소금 적당량
양념(하얀 볶은 참깨 2큰술, 참기름 · 식초 각 2작은술, 두반장 조금, 다진 마늘 1/2 분량)

에너지 189kcal
염분 1.0g

─◦ Make

1_ 시금치는 1L의 물에다 소금 1작은술을 넣은 뜨거운 물에 뿌리부터 먼저 넣은 후 1분 정도 데쳐 물에 헹군 다음 4cm 길이로 자른다. 물기를 꼭 짠 후에 뭉치지 않게 잘 펼친 후, 간장을 넣고 버무린다.
2_ 당근은 껍질을 벗겨 채를 썬다. 참기름으로 볶은 후, 소금을 조금 뿌린다.
3_ 냄비에 콩나물을 넣고 잠길 정도의 물을 부은 후 뚜껑을 닫고 처음에는 센 불로 하다가 끓으면 약한 불로 하여 3분 정도 찐 다음, 채반에 건져 물기를 잘 뺀다.
4_ 양념에 섞어 1, 2, 3을 버무린다.

칼륨, 칼슘, 마그네슘, 철, 아연, 비타민 B$_1$ · B$_2$ · C, 엽산
에너지 : 14kcal/100g
아스파르트산은 콜레스테롤의 생성을 억제하고, 피로해
소 효과도 있다.

구츠구츠
Cooking tip!

한국식 나물과는 조금은 다른 나물 레시피입니다. 이 책에서는 요리의 레시피보다 식재료의 영양과 섭
취에 목적이 있기 때문에 레시피 수정은 얼마든지 가능하답니다. 시금치와 콩나물은 너무 데치지 않도
록 주의합니다.

열매도 잎도 기침, 가래에 좋음

[비파]

근처 보육원에는 큰 비파나무가 있습니다. 열매가 많이 열려 원생들의 간식으로 쓰기도 합니다. 과실에는 유기산류, 칼슘, 철분, 카로틴 등이 함유되어 있습니다. 오랜 한방 책에는 비파 열매를 생으로 먹으면 기침이나 가래 약이 된다고 기록되어 있습니다.

● 비파로 소다젤리 만드는 법을 알려드립니다. 젤라틴 가루 5g에 물 3큰술을 넣고 뭉치지 않게 잘 흔들어 가면서 4분간 불립니다. 전자레인지(600와트)로 20초 가열하여 젤라틴을 녹입니다. 볼에 사이다 250mL를 넣고 녹인 젤라틴을 섞은 후, 껍질과 씨를 제외한 5개 분량의 비파를 잘라 넣어 냉장고에서 굳힙니다.

악기 비파를 닮아 이름이 비파예요

오랜 한방 책에는 비파 열매를 생으로 먹으면 기침이나
가래 약이 된다고 기록되어 있습니다.

비파의 콤포트는 시럽과 와인으로 조린 것으로, 신맛이 많고 단맛이 적은 쪽이 맛있습니다. 비파의 잎에는 사포닌, 비타민 B1, 타닌, 유기산, 기침에 효과가 있는 아미그달린이 함유되어 있습니다.

일본 의약품의 규격기준서인 일본약국방에서는 '비파 잎'이라고 부르며 소염, 이뇨 작용, 구토를 진정시키고 고름을 배출하는 작용이 있다고 기록되어 있습니다.

● 잎의 차에는 피로를 해소하거나 부종을 제거하는 작용이 있으며, 옛날부터 여름 타는 것을 방지하는 데 이용되어 왔습니다. 대한(大寒) 날에 딴 잎이 생명력이 있다고 전해지고 있지만, 제철 과일이 다 떨어질 무렵이라도 괜찮습니다.

새싹이 아니더라도 그다지 오래되지 않은 잎을 따서 솔이나 천으로 잎 뒤의 솜털을 제거하고 햇볕에 말리거나 그늘에서 말린 후, 손으로 주물러 가늘게 합니다.

주전자에 물 1L에 1~2큰술의 비파 잎을 넣고 불에 올려 끓인 후 약한 불로 7, 8분 정도 더 끓여 맛을 우려내거나, 차 주전자에 1큰술의 잎을 넣고 뜨거운 물을 부어 마십니다.

잎은 땀띠에도 효과가 있습니다. 잎을 달인 액을 천으로 짠 후, 찜질하듯 몸을 닦습니다. 천주머니에 솜털을 제거한 잎을 10장 정도 넣고 목욕하는 방법도 있습니다.

비파 잎으로 만든 매트를 즐겨 쓰는 친구가 있습니다. 수건이나 천으로 주머니를 만들어 안에 생잎을 채운 후 주머니를 닫고, 요통이나 어깨가 결리는 환부에 댑니다. 함께 여행한 친구가 견갑골의 안쪽 부위에 이 매

L O Q U A T

트를 두고 잤더니 기침이 딱 멎어서 놀랐다
고 합니다.

● 비파 씨로 비파 소주를 담그는 법입니
다. 비파 씨 200g과 소주 500mL를 준
비합니다. 비파 씨는 잘 씻어 물기를 제
거한 후, 신문지 등을 펼쳐 통풍이 잘되
는 햇볕에서 껍질을 바삭 건조시켜 작
은 칼로 얇은 껍질까지 벗깁니다.
씨를 밀폐용기에 넣어 소주를 붓고 냉

암소에 1~2년 보존한 후, 색이 진해지
면 사용합니다.

기침이나 가래에는 진액을 물로 2~3배 묽
게 하여 입 안을 가글한 다음 꿀꺽 삼킵니다.
요통 · 어깨 결림 등에는 비파 소주의 진액
을 물로 2~3배 묽게 하여 수건이나 가제 등에
적셔 찜질하면 좋습니다.
하지만 알코올에 민감한 분은 사용하지 않
는 게 좋습니다.

말린 비파잎

아랫배가
찬 사람은
찬 성질인
비파를 조심!

비파 콤포트

1 2
3

Ready

비파 10개, 화이트 와인 200mL, 그라뉴당 3큰술
물 200mL, 레몬 즙 1/2큰술, 꿀 1큰술

에너지 49kcal

염분 0g

Make

1_ 비파는 칼로 반으로 자른다. 껍질을 벗겨 씨를 제거한
후, 스푼으로 씨와 열매 사이의 얇은 껍질을 벗긴다.

2_ 냄비에 화이트 와인, 그라뉴당, 물을 넣고 불에 올려
한 번 끓인다.

3_ 2에 비파를 넣고 중간 불로 5분간 조린다.

4_ 3에 레몬즙을 넣고 다시 끓기 시작하면 꿀을 넣고 잘
섞은 후 불을 끈다.

5_ 보존용기에 넣어 냉장고에서 하루 이상 식혀 맛이 들
게 한다.

tip 요구르트나 살구씨 젤리, 비파 젤리에 넣으면 좋다.

🍽 비파의 주요 영양성분

칼륨, 칼슘, 마그네슘, 아연, 망간, 비타민 A(베타카로틴
당량 810㎍/100g), 비타민 B₁ · B₂ · B₆, 식이섬유
에너지 : 40kcal/100g
클로로겐산이라는 폴리페놀의 일종에는 암 예방 효과가
기대되고 있다.

구츠구츠
Cooking tip!

비파는 과육이 매우 부드러우니 껍질을 벗기고 씨를 제거할 때 과육이 뭉그러지지 않도록 주의합니다.
또 감이나 사과처럼 껍질을 벗긴 후에는 갈변 현상이 생기는 과실입니다. 하지만 콤포트를 만드는 과
정에서 갈변된 과육이 시럽에 녹아들어 요리가 완성된 후에는 거뭇거뭇한 갈변 현상이 눈에 띄지 않으
니 걱정 마세요.

참고문헌

워커, 가시오 타로 옮김, 《생야채즙 요법》, 지츠교노니혼샤신쇼

왕전, 《외태비요(外台秘要)》, 인민위생출판사

오츠카 케이세츠, 《한방과 민간약 백과》, 슈후노토모사

게르하르트 마다우스, 나가사와 모토오 옮김, 《독일의 식물요법》, 출판과학종합연구소

강소신 의학원 편, 《중약(中藥)대사전》, 상하이과학기술출판

짓쿄출판편수부 편, 《올가이드 식품성분표 2013》, 짓쿄출판주식회사

시라토리 사나에, 도치키 토시타카 감수, 《좀 더 몸에 맛있는 야채 편리장》, 타카하시 서점

진카퍼, 마루모토 요시오 옮김, 《먹는 약》, 아스카 신샤

진카퍼, 마루모토 요시오 옮김, 《먹는 약 3》, 아스카 신샤

진카퍼, 마루모토 요시오 옮김, 《식사로 치유하는 책》, 아스카 신샤

세이쇼쿠 협회, 《주변의 식물에 의한 응급처치법》, 세이쇼쿠출판

손사막, 《의심방(醫心方)》, 인민위생출판사

일본약국방해설서편집위원회 편, 《제15개정 일본약국방해설서》, 히로카와 서점

츠쿠다 타키치(築田多吉), 《가정에서의 간호의 비결》, 연수광문관

나가사와 모토오, 《한방약물학입문》, 쵸죠서점

하시모토 키요코, 《음식은 보약》, 혼노이즈미사

하라시마 히로시, 《생약단(生藥單)》, 주식회사 NTS

북경중의학원 외 편저, 《중약지(中藥志)》, 인문위생출판사

마루모토 요시오, 《무엇을 먹어야 하는가?》, 코단샤

요시다 키요코 감수, 《제철 야채의 영양사전 개정판》, 주식회사 X-Knowledge

이시진, 《본초강목》, 인민위생출판사 외

중앙생활사 Joongang Life Publishing Co.
중앙경제평론사 | 중앙에듀북스 Joongang Economy Publishing Co./Joongang Edubooks Publishing Co.

중앙생활사는 건강한 생활, 행복한 삶을 일군다는 신념 아래 설립된 건강·실용서 전문 출판사로서
치열한 생존경쟁에 심신이 지친 현대인에게 건강과 생활의 지혜를 주는 책을 발간하고 있습니다.

당신의 몸을 살리는 야채의 힘

초판 1쇄 발행 | 2016년 1월 18일
초판 2쇄 발행 | 2016년 4월 15일

지은이 | 하시모토 키요코(橋本 紀代子)
편   역 | 백성진(Sungjin Baek)
요리·감수 | 백성진(Sungjin Baek)
펴낸이 | 최점옥(Jeomog Choi)
펴낸곳 | 중앙생활사(Joongang Life Publishing Co.)

대   표 | 김용주
책임편집 | 이상희·김가현
본문디자인 | 김은정

출력 | 현문자현 종이 | 한솔PNS 인쇄·제본 | 현문자현

잘못된 책은 구입한 서점에서 교환해드립니다.
가격은 표지 뒷면에 있습니다.

ISBN 978-89-6141-174-5(03590)

원서명 | 野菜の力

등록 | 1999년 1월 16일 제2-2730호
주소 | ㉾04590 서울시 중구 다산로20길 5(신당4동 340-128) 중앙빌딩
전화 | (02)2253-4463(代) 팩스 | (02)2253-7988
홈페이지 | www.japub.co.kr 블로그 | http://blog.naver.com/japub
페이스북 | https://www.facebook.com/japub.co.kr 이메일 | japub@naver.com
♣ 중앙생활사는 중앙경제평론사·중앙에듀북스와 자매회사입니다.

이 책은 중앙생활사가 저작권자와의 계약에 따라 발행한 것이므로 본사의 서면 허락없이는
어떠한 형태나 수단으로도 이 책의 내용을 이용하지 못합니다.

중앙
북샵 **www.japub.co.kr**
전화주문 : 02) 2253 - 4463

※ 이 도서의 국립중앙도서관 출판시도서목록(CIP)은 서지정보유통지원시스템 홈페이지(http://seoji.nl.go.kr)와
국가자료공동목록시스템(http://www.nl.go.kr/kolisnet)에서 이용하실 수 있습니다.(CIP제어번호: CIP2015033468)

중앙생활사에서는 여러분의 소중한 원고를 기다리고 있습니다. 원고 투고는 이메일을 이용해주세요. 최선을
다해 독자들에게 사랑받는 양서로 만들어 드리겠습니다. **이메일** | japub@naver.com